T0220241

BestMasters

Mit „BestMasters" zeichnet Springer die besten Masterarbeiten aus, die an renommierten Hochschulen in Deutschland, Österreich und der Schweiz entstanden sind. Die mit Höchstnote ausgezeichneten Arbeiten wurden durch Gutachter zur Veröffentlichung empfohlen und behandeln aktuelle Themen aus unterschiedlichen Fachgebieten der Naturwissenschaften, Psychologie, Technik und Wirtschaftswissenschaften.
Die Reihe wendet sich an Praktiker und Wissenschaftler gleichermaßen und soll insbesondere auch Nachwuchswissenschaftlern Orientierung geben.

Henrike Ehrhorn

Katalytische Metathese von Alkinen

Entwicklung neuer Katalysatoren

Springer Spektrum

Henrike Ehrhorn
Braunschweig, Deutschland

BestMasters
ISBN 978-3-658-17242-8   ISBN 978-3-658-17243-5   (eBook)
DOI 10.1007/978-3-658-17243-5

Die Deutsche Nationalbibliothek verzeichnet diese Publikation in der Deutschen National-
bibliografie; detaillierte bibliografische Daten sind im Internet über http://dnb.d-nb.de abrufbar.

Springer Spektrum
© Springer Fachmedien Wiesbaden GmbH 2017

Gedruckt auf säurefreiem und chlorfrei gebleichtem Papier

Springer Spektrum ist Teil von Springer Nature
Die eingetragene Gesellschaft ist Springer Fachmedien Wiesbaden GmbH
Die Anschrift der Gesellschaft ist: Abraham-Lincoln-Str. 46, 65189 Wiesbaden, Germany

Danksagung

Allen voran gilt mein besonderer Dank Herrn Prof. Matthias Tamm für die interessante Themenstellung, die hervorragende Betreuung und das mir entgegengebrachte Vertrauen.

Bei Herrn Dr. Marc Walter möchte ich mich für die Übernahme des Korreferats bedanken.

Allen Mitarbeitern des Arbeitskreises Tamm danke ich für die freundliche Aufnahme in den Arbeitskreis, die angenehme Arbeitsatmosphäre und die Hilfe, die ich von jedem einzelnen erhalten habe. Mein spezieller Dank gilt an dieser Stelle den Alkinmetathesekollegen, die mir bei wissenschaftlichen Fragestellungen stets zur Seite standen.

Mein herzlicher Dank geht auch an alle Analytikabteilungen und an die Mitarbeiter der Werkstätten und des Instituts.

Zu guter Letzt möchte ich mich zutiefst bei meiner Familie für ihre Unterstützung, ihr Verständnis und ihr Vertrauen bedanken. Speziell meinen Eltern danke ich dafür, dass sie mir das Studium ermöglich haben und immer an mich geglaubt haben.

Henrike Ehrhorn

Inhaltsverzeichnis

Abkürzungsverzeichnis

Allgemeine Abkürzungen:

ACM	Alkin-Kreuzmetathese
ADIMET	acyclischen Diinmetathese Polymerisation
aq.	wässrig
Ar	Aryl
ber.	berechnet
bipy	2,2'-Bipyridin
^{n}Bu	n-Butyl
BuLi	Butyllithium
^{t}Bu	*tertiär* Butyl
Cp	Cyclopentadienyl
Cy	Cyclohexyl
d	deuteriert
DCM	Dichlormethan
DFT	Dichtefunktionaltheorie
Dipp	2,6-Diisopropylphenyl
DMAP	*N,N*-Dimethylaminopyridin
DME	1,2-Dimethoxyethan
EI	Elektronenstoßionisation
Et	Ethyl
Et$_2$O	Diethylether
GC	Gaschromatographie
gef.	gefunden
ImN	Imidazolin-2-iminato
IR	Infrarot
LiHMDS	Lithium-bis(trimethylsilyl)amid
M	molar
MCB	Metallacyclobutadien
Me	Methyl
MeLi	Methyllithium
MeOH	Methanol

min	Minuten
mer	meridional
Mes	Mesityl
MMPO	1-Methoxy-2-methylpropan-2-ol
MS	Molekularsieb
NACM	Nitril-Alkinmetathese
NMR	Kernspinresonanz
OLED	Organic Light Emitting Diode
phen	1,10-Phenanthrolin
^{i}Pr	Isopropyl
R	organischer Rest
RCAM	Alkin-Ringschlussmetathese
ROAMP	ringöffnende Alkinmetathese Polymerisation
TAM	terminale Alkinmetathese
THF	Tetrahydrofuran
TMS	Trimethylsilyl
TMS-Azid	Trimethylsilylazid
TS	Übergangszustand
unabh.	unabhängig
WLD	Wärmeleitfähigkeitsdetektor

Abkürzungen für die Beschreibung der NMR-spektroskopischen Daten:

δ	chemische Verschiebung
ppm	parts per million
s	Singulett
d	Dublett
t	Triplett
q	Quartett
quin	Quintett
sept	Septett
m	Multiplett
br	breit

1 Einleitung und Zielsetzung

1.1 Grundlagen der Metathese

In Anbetracht endlicher Ressourcen, steigender Energiepreise und anhaltender Klimaverschmutzung steht neben der Synthese neuer Substanzen vor allem auch die effiziente und nachhaltige Herstellung dieser im Vordergrund der chemischen Forschung. Ein wichtiger Bestandteil der nachhaltigen Chemie ist die Nutzung von Katalysatoren, mit Hilfe derer schwer zugängliche Substanzen hergestellt werden können und die Effizienz großtechnischer Reaktionen gesteigert werden kann.[1] Da die organische Chemie hauptsächlich auf Kohlenstoff-Kohlenstoff-Bindungen beruht, besteht ein großer Bedarf an einfachen Methoden für die Knüpfung von Kohlenstoffbindungen. Eine Möglichkeit hierfür ist die Verwendung katalytischer Mengen einer Organometallverbindung. Mit Organometallverbindungen, die sich durch mindestens eine Bindung zwischen einem Metall und einem Kohlenstoffatom auszeichnen, konnte in der Vergangenheit eine Vielzahl neuer Substanzen hergestellt werden.[1–3] Eine der ersten Verbindungen dieser Art, ein Platin-Ethylen-Komplex, wurde von W. C. ZEISE im Jahr 1831 isoliert.[4] Im Laufe des 20. Jahrhunderts begann die industrielle Nutzung der Organometallverbindungen beispielsweise für die Olefinpolymerisation nach Ziegler und Natta oder die Hydroformylierung.[5] Heutzutage sind metallorganische Verbindungen als Katalysatoren für großtechnische Synthesen nicht mehr wegzudenken.[1,3] Zu den Methoden, mit denen Kohlenstoffbindungen geknüpft werden können, gehört neben den Pd- und Cu-katalysierten Kreuzkupplungsreaktionen auch die Metathese. Unter diesem Begriff ist in der Chemie eine Reaktion bekannt, bei der es unter Bindungsspaltung und Neubildung zu einer Umverteilung von Molekülbestandteilen kommt.[6,7] Besonders die Olefinmetathese erlangte in den letzten Jahrzehnten große Popularität.[8,9] Wie in Schema 1 dargestellt, geschieht hierbei ein Austausch der Alkylideneinheiten. Für die großen Fortschritte auf dem Gebiet der Olefinmetathese wurden R. R. SCHROCK, R. H. GRUBBS und Y. CHAUVIN im Jahr 2005 mit dem Nobelpreis ausgezeichnet.[10]

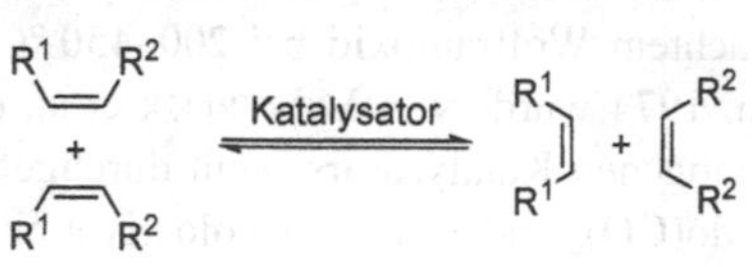

Schema 1: Prinzip der Olefinmetathese.

Seit ihrer Entdeckung hat sich die Olefinmetathese als Standardmethode in der organischen Synthese etabliert. Hierbei hat sie herkömmliche Reaktionen für die Knüpfung von C,C-Doppelbindungen wie die WITTIG-Reaktion oder die MCMURRY-Kupplung verdrängt. Die geringe Anzahl an Reaktionsschritten und hohe Ausbeuten sind die Vorteile der Metathese. Der Mechanismus der Olefinmetathese, der über einen Metallacyclobutan-Komplex verläuft, wurde 1971 von Y. CHAUVIN postuliert und später experimentell bewiesen (Schema 2).[7]

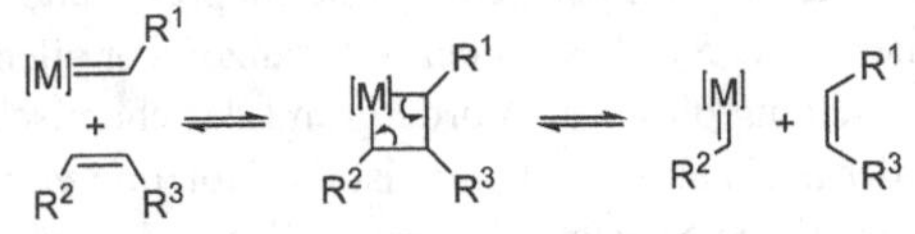

Schema 2: Mechanismus der Olefinmetathese.

R. R. SCHROCK und R. H. GRUBBS haben durch die Entwicklung hoch aktiver Katalysatoren, die mittlerweile auch kommerziell erwerblich sind, einen großen Beitrag zur Verbreitung der Olefinmetathese geleistet. Obwohl es nur wenig Methoden zur Knüpfung von C,C-Dreifachbindungen gibt, führt die Alkinmetathese, deren Prinzip in Schema 3 dargestellt ist, im Vergleich zur Olefinmetathese eher ein Schattendasein.[6,7] Der Grund hierfür ist vor allem die limitierte Anzahl an verfügbaren und robusten Katalysatoren.[6,11,12]

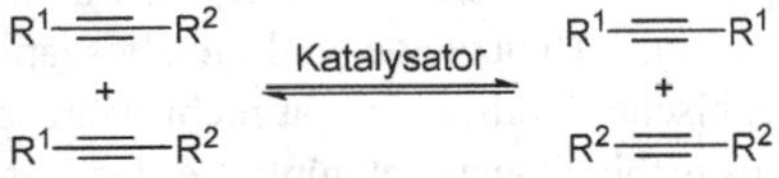

Schema 3: Prinzip der Alkinmetathese.

1.2 Entwicklung der Alkinmetathese

1.2.1 Historische Entwicklung der Alkinmetathese

1968 beobachteten F. PENNELLA, R. L. BANKS und G. C. BAILEY erstmals die Disproportionierung von Alkinen an einem heterogenen Katalysator.[13] 2-Pentin setzte sich an auf Silicagel aufgebrachtem Wolframoxid bei 200–450 °C zu einem Gemisch aus 2-Butin und 3-Hexin um. 1974 wurde von MORTREUX et al. die Alkinmetathese zum ersten Mal an einem homogenen Katalysatorsystem durchgeführt.[14] Die aktive Spezies, die sich *in situ* aus $Mo(CO)_6$ und einem Phenolderivat bildet, katalysierte die Metathese von 4-Methyltolan (**1**) zu Tolan (**2**) und 4,4'-Dimethyltolan (**3**) (Schema 4). Der genaue Reaktionsmechanismus und die aktive Spezies konnten trotz intensiver Forschung bis heute nicht bestimmt werden. Auf Grund der Einfachheit und dank der Optimierung dieses Katalysatorsystems durch Additive wird es dennoch weiterhin in der Synthese eingesetzt. Begrenzt wird es durch seine geringe Toleranz gegenüber funktionellen Gruppen und den Bedarf an hohen Reaktionstemperaturen.[9,14]

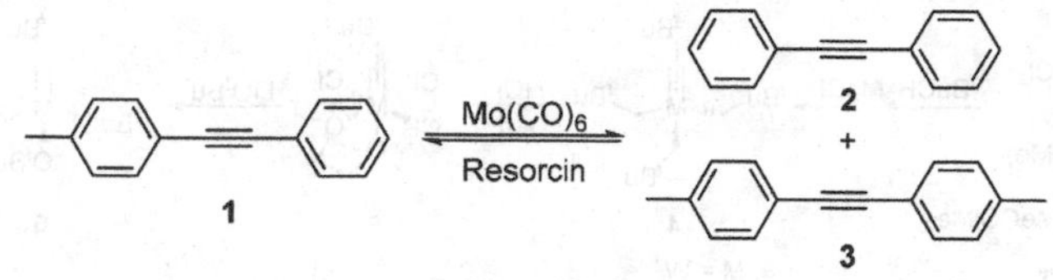

Schema 4: Erste homogen katalysierte Alkinmetathese.

1975 postulierte T. J. KATZ den der Alkinmetathese zugrunde liegenden Mechanismus, der bis heute anerkannt ist.[15] In Analogie zum CHAUVIN-Mechanismus der Olefinmetathese vermutete er, dass ein Metallalkylidin in einer [2+2]-Cycloaddition mit einem Alkin zu einem Metallacyclobutadien-Komplex reagiert. Die Doppelbindungen in diesem Vierring sind wie in Schema 5 dargestellt delokalisiert und so werden bei einer [2+2]-Cycloreversion ein neuer Alkylidin-Komplex und ein neues Alkin ausgebildet.[6] Bewiesen wurde der Mechanismus erst 1984 durch die Isolierung eines Metallacyclobutadiens (MCB) durch R. R. SCHROCK.[16]

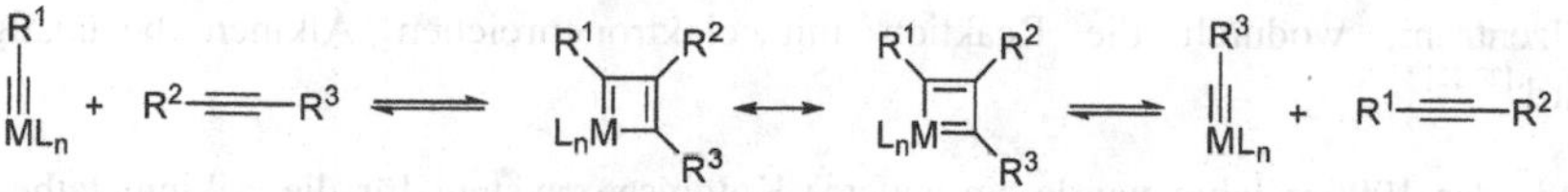

Schema 5: Mechanismus der Alkinmetathese nach T. J. KATZ.

Bei der Alkinmetathese handelt es sich um ein Gleichgewicht, weshalb die Produktbildung durch das Entfernen einer Komponente des Produktgemisches vorangetrieben werden kann.[11,17]

Die Metall-Kohlenstoff-Dreifachbindung, die im KATZ-Mechanismus als Intermediat postuliert wurde, konnte wenig später tatsächlich isoliert werden.[11] Die Grundlage hierfür wurde 1974 von R. R. SCHROCK geschaffen, dem die Synthese des Alkyliden-Komplexes [^{t}BuHC=Ta(CH$_2^t$Bu)$_3$] gelang.[18] Ein Jahr später wurde durch Deprotonierung der erste Alkylidin-Komplex [Li{MeN(CH$_2$CH$_2$)$_2$NMe}][^{t}BuC≡Ta(CH$_2^t$Bu)$_3$] erhalten. Die Fortschritte auf dem Gebiet der Tantal-Chemie führten in den folgenden Jahren zur Entdeckung von Wolfram- und Molybdänalkylidinen. 1978 wurden Ergebnisse von R. R. SCHROCK veröffentlicht, der WCl$_6$ und MoCl$_5$ mit Neopentyllithium behandelte und Komplexe der Form [^{t}BuC≡M(CH$_2^t$Bu)$_3$] (M = Mo, W) **4** erhielt (Schema 6).[19] Später erwies sich MoO$_2$Cl$_2$ als geeignetere molybdänhaltige Ausgangsverbindung.[20] Nachdem die Neopentylidin-Komplexe **4** keine Aktivität in der

Metathese von Alkinen zeigten, wurden sie weiter umgesetzt zu den Trichloro-Komplexen [^{t}BuC≡MCl$_3$(dme)] **5** (DME = 1,2-Dimethoxyethan).[11]

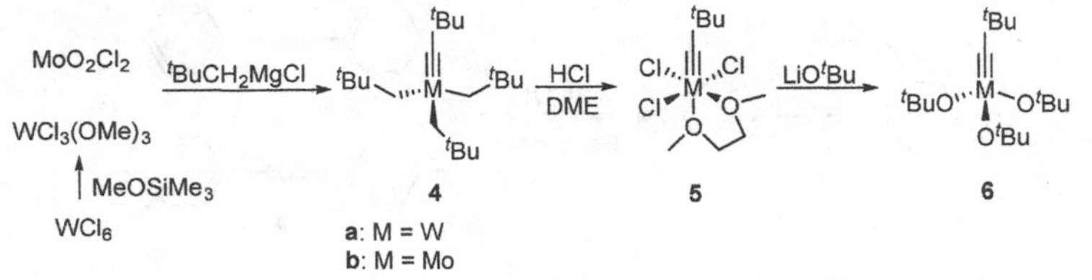

Schema 6:   Syntheseroute der ersten Alkylidin-Komplexe.

Ein aktiver Metathese-Katalysator wurde erst erhalten, als die drei Chloroliganden im Wolfram-Komplex **5a** durch Alkoxidliganden ausgetauscht wurden. Die Verbindung **6a** ist in der Lage, die Metathese von 3-Heptin zu 3-Hexin und 4-Oktin zu katalysieren.[21] Aus den Trichloro-Komplexen **5a** und **5b** konnte eine Vielzahl weiterer Alkylidinverbindungen mit verschiedenen sterisch anspruchsvollen und elektronenarmen Alkoxiden hergestellt werden.[20] Die sterisch anspruchsvollen Alkoxide halten die monomere Struktur des Katalysators aufrecht, ohne die es zur Dimerisierung kommen kann. Die elektronenziehenden Liganden hingegen erhöhen die Elektrophilie am Metallzentrum, wodurch die Reaktion mit elektronenreichen Alkinen begünstigt wird.[20,22]

Ende der 1990er Jahre wurde ein anderes Katalysatorsystem für die Alkinmetathese basierend auf der Entdeckung eines Distickstoff spaltenden Komplexes entwickelt.[23,24] C. C. CUMMINS berichtete 1995 von einem Molybdäntriamido-Komplex **7**, der die Dreifachbindung im N$_2$-Molekül spaltet.[24] A. FÜRSTNER et al. stellten in den darauf folgenden Jahren einige Studien zur katalytischen Aktivität dieses Komplexes an. Erst durch das Lösen von **7** in Dichlormethan (DCM) gelang die Herstellung einer katalytisch aktiven Spezies.[23] Mit DCM reagiert der Komplex **7** zum Chloro-Komplex **8** und der Methylidin-Spezies **9**. Es wird davon ausgegangen, dass **8** die aktive Spezies sei. Auf Grund der hohen Toleranz des Systems gegenüber funktionellen Gruppen konnte es erfolgreich in der Synthese sensibler Naturstoffe eingesetzt werden.[17]

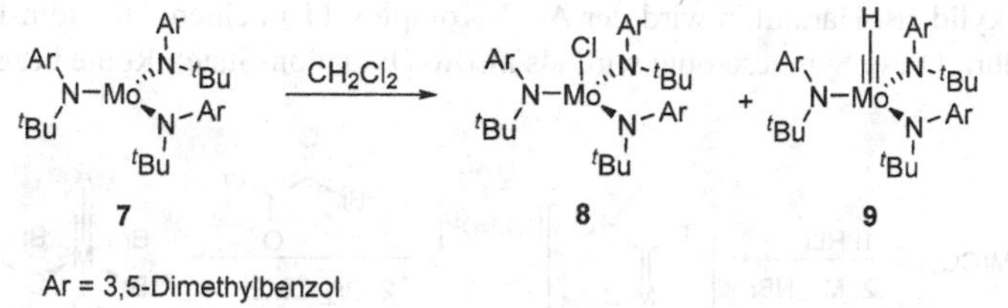
CH2Cl2
7
8
9
Ar = 3,5-Dimethylbenzol

Schema 7: Aktivierung des Molybdäntriamido-Komplexes 7 mit DCM.

Die in Schema 7 abgebildete Reaktion ist Grundlage für eine alternative Herstellungsmethode von Metallalkylidin-Komplexen. Um ausschließlich das Alkylidin zu erhalten, entwarfen J. S. MOORE et al. die „Reductive Recycling"-Strategie (Schema 8).[25] Der Chloro-Komplex **8** kann mit Hilfe eines Reduktionsmittels zurück in den Triamido-Komplex **7** umgewandelt werden, während der Alkylidin-Komplex unverändert bleibt. Auf diese Weise wird der Alkylidin-Komplex **9** nach und nach angereichert. Als geeignetes Reduktionsmittel hat sich Magnesium in THF erwiesen. Das katalytisch inaktive Triamid **9** wird später durch Alkoholyse mit drei Äquivalenten eines Alkohols in den aktiven Katalysator **10** umgewandelt.

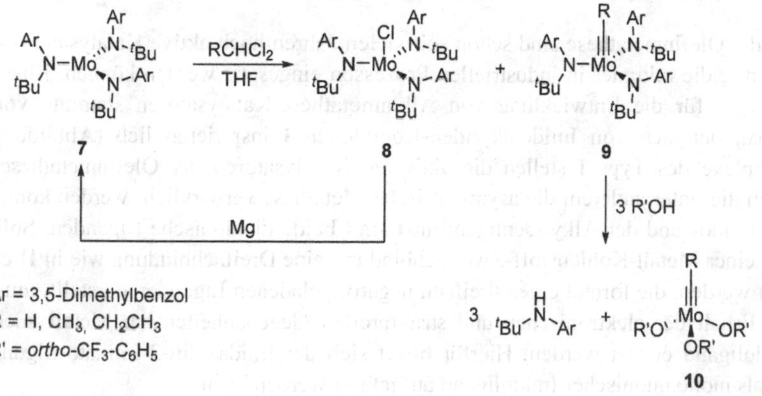
RCHCl2
THF
7
8
9
Mg
3 R'OH
Ar = 3,5-Dimethylbenzol
R = H, CH3, CH2CH3
R' = ortho-CF3-C6H5
10

Schema 8: „Reductive Recycling"-Strategie nach J. S. MOORE.

Die Alkinmetathese basierend auf Molybdän wurde noch attraktiver, als die Zugänglichkeit für Metallalkylidine weiter verbessert wurde. A. MAYR et al. entwickelten eine Syntheseroute, um Alkylidine ausgehend von den Hexacarbonylen der Metalle herzustellen (Schema 9).[26] Der erste Schritt beinhaltet den nukleophilen Angriff eines Lithiumorganyls an einem Carbonylliganden und die Bildung eines anionischen FI-

SCHER-Alkylidens. Daraufhin wird der Acyl-Komplex **11** in einen Alkylidin-Komplex **12** überführt. Diese Syntheseroute wird als „Low-Oxidation-State"-Route bezeichnet.

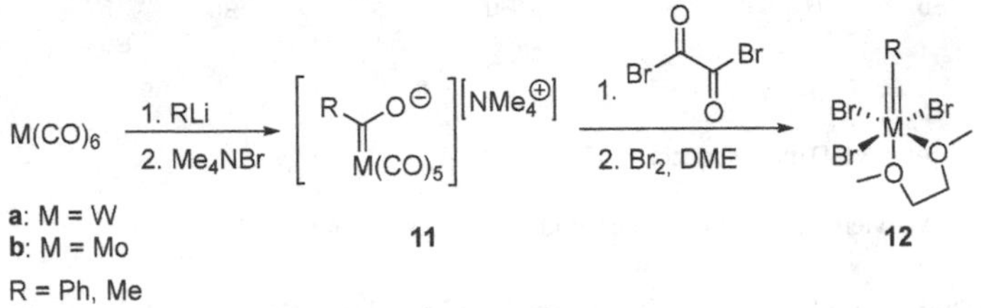

a: M = W
b: M = Mo

R = Ph, Me

Schema 9:   Verbesserte Syntheseroute von Metallalkylidinen.

1.2.2   Neue Katalysatorentwicklungen

Die in Abschnitt 1.2.1 vorgestellten Alkylidin-Komplexe waren lange Zeit die einzigen Katalysatorsysteme für die Alkinmetathese. In der Synthese wurden hauptsächlich die Systeme von R.R. SCHROCK und das simple, luftstabile MORTREUX-System eingesetzt. Es bestand also der Bedarf die Katalysatorentwicklung weiter voranzubringen, um die Alkinmetathese zu verbessern und zu vereinfachen.[27]

Für die Olefinmetathese sind schon seit vielen Jahren hoch aktive Katalysatorsysteme bekannt, die mitunter in industriellen Prozessen eingesetzt werden können. Eine neue Strategie für die Entwicklung von Alkinmetathese-Katalysatoren stammte von M. TAMM, der sich von Imidoalkyliden-Komplexen **I** inspirieren ließ (Abbildung 1). Komplexe des Typs **I** stellen die aktivsten Katalysatoren der Olefinmetathese dar, durch die unter anderem die asymmetrische Metathese verwirklicht werden konnte.[28] Der Imido- und der Alkylidenligand in **I** sind beide dianionische Liganden. Soll nun statt einer Metall-Kohlenstoff-Zweifachbindung eine Dreifachbindung wie in **II** eingesetzt werden, die formal einen dreifach negativ geladenen Liganden darstellt, muss für den Erhalt der elektronischen und strukturellen Gegebenheiten am Metall auch der Imidoligand ersetzt werden. Hierfür bietet sich der Imidazolin-2-iminato-Ligand an, der als monoanionischer Imidoligand aufgefasst werden kann.

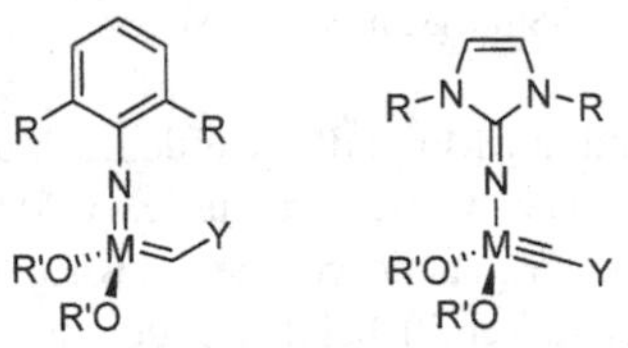

Abbildung 1:   Designprinzip der Metathese-Katalysatoren nach M. TAMM.

Bei den Imidazolium-2-iminato-Verbindungen handelt es sich um stark basische Liganden, da die positive Ladung wie in der ylidischen Grenzstruktur dargestellt gut im Imidazoliumring stabilisiert werden kann (Schema 10).[29] Wie die Phosphoranimide der Form R_3PN^- können auch die Imidazolium-2-iminato-Verbindungen als monodentate Analoga der Cyclopentadienyle ($C_5R_5^-$) aufgefasst werden. Diese Anionen koordinieren an Übergangsmetalle koordinieren als 2σ/4π-Elektronendonoren.[6]

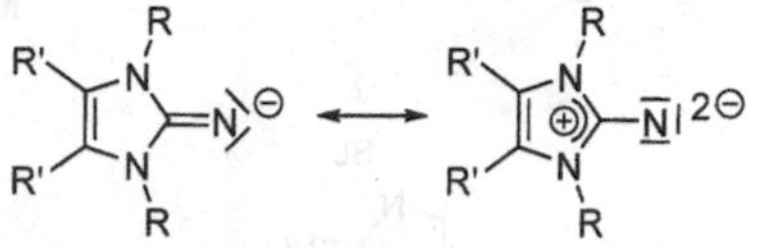
R
R'
N
N
R'
R
R
R'
N
N
R'
R
2⊖

13a **13b**

Schema 10: Mesomere Grenzstrukturen des Imidazolium-2-iminato-Ions.

Eine effektive Methode für die Herstellung dieser Liganden wurde von M. TAMM et al. 2007 vorgestellt und ist in Schema 11 abgebildet.[30] Hierbei wird von einer Reihe verschiedener *N*-heterocyclischer Carbene **14a–f** ausgegangen. Die Umsetzung der Carbene mit Trimethylsilylazid (TMS-Azid) in kochendem Toluol führt zu den entsprechenden *N*-silylierten 2-Iminoimidazolinen **15a–f**. Dieser Schritt beinhaltet analog zur STAUDINGER-Reaktion einen nukleophilen Angriff des Carbens am terminalen Azid-Stickstoffatom, gefolgt von der intermediären Ausbildung eines Triazens und der N_2-Dissoziation. Die freien 2-Iminoimidazoline **16a–f** werden durch Desilylierung mit Methanol gewonnen.[30]

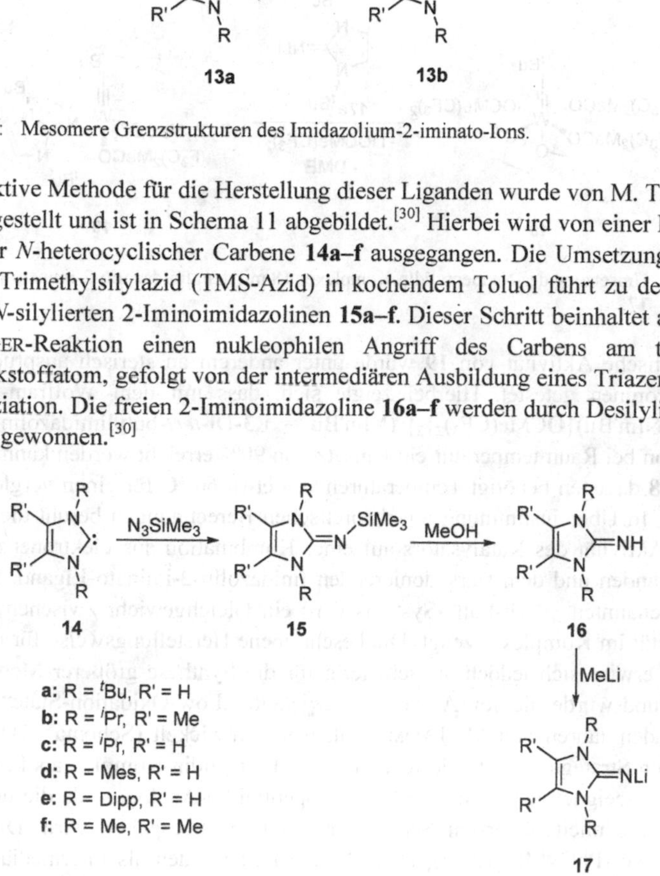
N3SiMe3
SiMe3
MeOH
NH
MeLi
NLi
a: R = tBu, R' = H
b: R = iPr, R' = Me
c: R = iPr, R' = H
d: R = Mes, R' = H
e: R = Dipp, R' = H
f: R = Me, R' = Me

14 **15** **16** **17**

Schema 11: Herstellung verschiedener Imidazolin-2-imide.

Eingesetzt in der Katalysatorsynthese wird die Base des 2-Iminoimidazolin **16**, das Imidazolin-2-imid **17**, das durch Deprotonierung mit Methyllithium erhalten werden kann. Als erstes wurde der neue Ligand mit dem mäßig katalytisch aktiven Wolfram-neopentylidin-Komplex [^{t}BuC≡W{OCMe(CF$_3$)$_2$}$_3$(dme)] **18** umgesetzt.[16,27] Dieser kann nach der in Schema 6 dargestellten Weise aus WCl$_4$ und mehreren Äquivalenten Neopentylmagnesiumchlorid synthetisiert werden. Tatsächlich konnten der stabilisierende DME- und ein Alkoxidligand in der Reaktion mit **17** ausgetauscht werden (Schema 12).

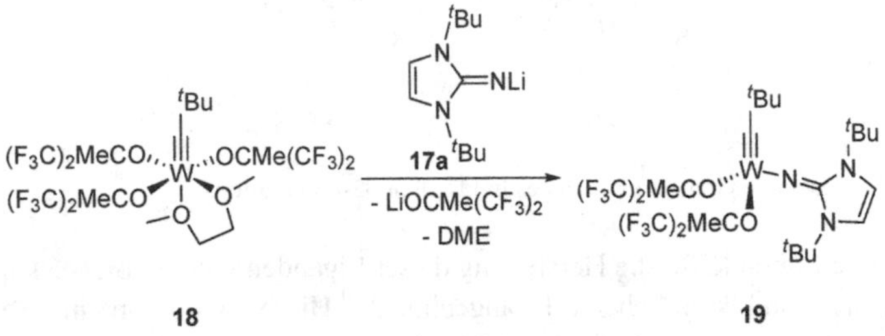

Schema 12: Umsetzung des Neopentylidin-Komplexes **18** mit dem Imidazolin-2-iminato-Liganden **17**.

Die katalytische Aktivität von **19** wurde unter anderem an sterisch anspruchsvollen 1-Phenylpropinen getestet. Hierbei zeigte sich, dass mit dem Wolfram-Komplex [^{t}BuC≡W(NIm^{t}Bu){OCMe(CF$_3$)$_2$}$_2$] (NIm^{t}Bu = 1,3-Di-*tert*-butylimidazolin-2-iminato) **19** schon bei Raumtemperatur ein Umsatz von 90% erreicht werden kann. Der Katalysator **18** dagegen benötigt Temperaturen von etwa 60 °C für einen vergleichbaren Umsatz.[27] In Übereinstimmung mit theoretischen Berechnungen beruht die außerordentliche Aktivität des Katalysators auf einer Kombination aus elektronenziehenden Alkoxidliganden und dem stark donierenden Imidazolin-2-iminato-Ligand. Mit Hilfe dieses sogenannten „Push-Pull"-Systems wird ein Gleichgewicht zwischen Stabilität und Aktivität im Komplex erzeugt. Die beschriebene Herstellungsweise für den Katalysator **19** erwies sich jedoch als schwierig für die Synthese größerer Mengen. Aus diesem Grund wurde die von A. MAYR entwickelte „Low-Oxidation-State"-Route in den folgenden Jahren von M. TAMM et al. weiterentwickelt (Schema 13).[31] Hinter dieser neuen Strategie steckte die Idee, dass ein Benzylidin-Komplex als Präkatalysator genauso geeignet sein sollte wie sein Neopentylidin-Analogon, da die ursprüngliche Alkylidineinheit im ersten Schritt der Katalyse abgespalten wird. Die Tribromo-Komplexe [PhC≡MBr$_3$(dme)] (M = Mo, W) **12** wurden als Intermediate für die Einführung von Alkoxid- und Imidazolin-2-iminato-Liganden nach der in Schema 9 dargestellten Methode synthetisiert. Es konnten auf diese Weise sowohl der Wolfram- als auch der Molybdän-Komplex **21a** bzw. **21b** erhalten werden.

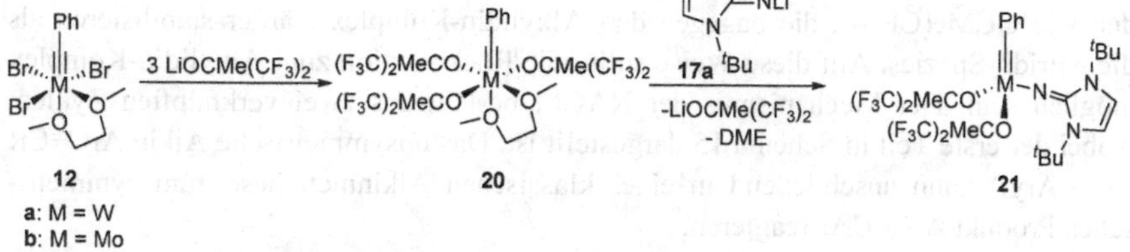

Schema 13: Herstellung der Metallbenzylidin-Komplexe.

Die Benzylidin-Komplexe **21a–b** erwiesen sich als hoch aktive Katalysatoren, die bei Raumtemperatur gleichermaßen aktiv in der Kreuzmetathese von aliphatischen Ether- und Ester-funktionalisieren Alkinen sind. Nach 60 Minuten wurde in vielen Fällen ein vollständiger Umsatz erreicht. Bei der Ringschlussmetathese zeigte sich allerdings der Wolfram-Komplex **21a** überlegen gegenüber **21b**.[31]

Eine alternative Möglichkeit zur Gewinnung von Molybdänalkylidin-Komplexen erforschten M. J. A. JOHNSON et al. 2006.[32] Sie fanden heraus, dass Molybdänalkylidin-Komplexe aus den Nitrido-Komplexen [N≡Mo(OX)₃] (X = CMe(CF₃)₂, C(CF₃)₃) **22** zugänglich sind. Hierfür setzte er den Komplex **22** mit 3-Hexin bei erhöhten Temperaturen um (Schema 14). Im Allgemeinen ist bei Molybdän die Bildung des Alkylidin-Komplexes **23** aus dem Nitrido-Komplex und einem Alkin bevorzugt, während für Wolfram eine umgekehrte Beziehung beobachtet werden kann. Wolframalkylidine können mit Nitrilen leicht zu Wolframnitrido-Komplexen und Alkinen umgesetzt werden.

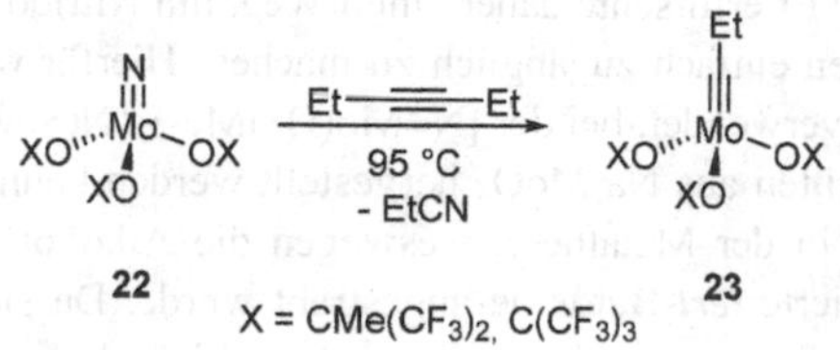

Schema 14: Alternativer Zugang zu Alkylidin-Komplexen.

Durch die Entwicklung eines Metallkomplexes, der eine reversible Umwandlung von der Nitrido- in die Alkylidin-Spezies eingeht, erhielt M. J. A. JOHNSON den erste Katalysator der Nitril-Alkinmetathese (NACM).[33] Auf diese Weise gelang erstmals die katalytische Herstellung von Alkinen aus Nitrilen und sogenannten „Opferalkinen". Nitrile sind leicht zugänglich und lassen sich einfacher an Moleküle funktionalisieren als Alkine. M. J. A. JOHNSON wählte für den Katalysator der NACM das Metall Wolfram, bei dem wegen der geringeren Elektrophilie die Nitridoanlagerung bevorzugt wird. Als Liganden kombinierte er mit dem Metall schwach donierende Alkoxidliganden wie OCMe(CF$_3$)$_2^-$, die dagegen den Alkylidin-Komplex stärker stabilisieren als die Nitrido-Spezies. Auf diese Weise sollte die Rückreaktion zum Alkylidin-Komplex möglich sein. Der Mechanismus der NACM besteht aus zwei verknüpften Zyklen, wobei der erste Teil in Schema 15 dargestellt ist. Das unsymmetrische Alkin ArC≡CR (Ar = Aryl) kann anschließend in einer klassischen Alkinmetathese zum symmetrischen Produkt ArC≡CAr reagieren.

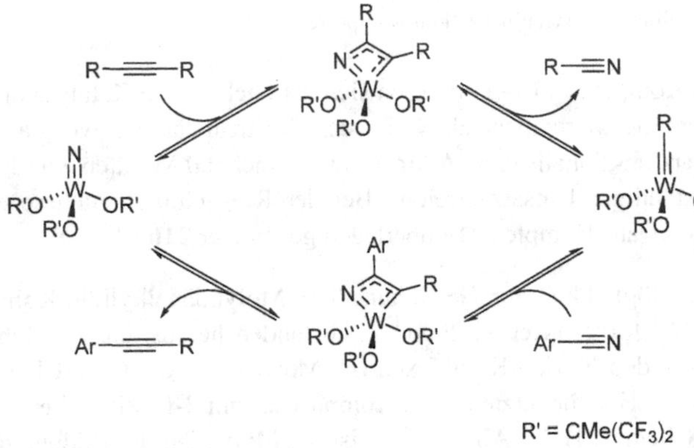

R' = CMe(CF$_3$)$_2$

Schema 15: Auszug aus dem Mechanismus der Nitril-Alkinmetathese.

Da zwischen Nitril- und Alkylidin-Komplexen eine Isolobalbeziehung besteht, versuchte A. FÜRSTNER Molybdännitrido-Komplexe als Präkatalysatoren für die Alkinmetathese einzusetzen.[34] Er erforschte daher einen Weg, um Nitrido-Komplexe mit fluorierten Alkoxidliganden einfach zugänglich zu machen. Hierfür wurde eine Syntheseroute von H.-T. CHIU verwendet, bei der [N≡Mo(OSiMe$_3$)$_2${N(SiMe$_3$)$_2$}] **24** im großen Maßstab in zwei Schritten aus Na$_2$MoO$_4$ hergestellt werden kann (Schema 16).[35] **24** ist selber nicht aktiv in der Metathese, weswegen die Alkoholyse der vorhandenen Liganden durch fluorierte *tert*-Butoxide angestrebt wurde. Da sich dieser Austausch als schwierig herausstellte, wurde eine Reihe anderer Liganden getestet. Erst Ph$_3$SiOH konnte die Liganden am Molybdän verdrängen, wobei wahrscheinlich der Komplex **25** gebildet wurde. Die Struktur von **25** konnte jedoch nicht mit letzter Sicherheit aus den Spektren abgeleitet werden. Mit Pyridin als Stabilisator wurde schließlich die definierte Spezies **26** isoliert. Sowohl das System **25** als auch **26** zeigen in der Metathese eine hohe Toleranz gegenüber funktionellen Gruppen, wobei **26** sogar für eine gewisse Zeit an Luft gehandhabt werden kann. Für gute Ausbeuten sind bei diesem Katalysatorsystem allerdings erhöhte Temperaturen und teilweise hohe Katalysatorladungen notwendig.[34]

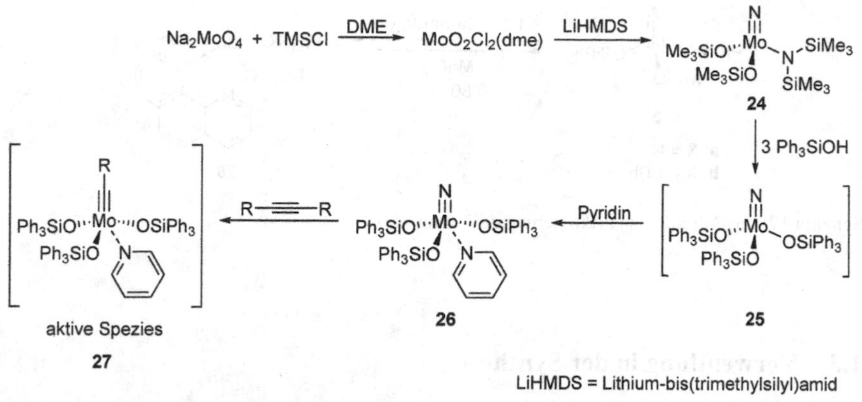

$$\text{Na}_2\text{MoO}_4 + \text{TMSCl} \xrightarrow{\text{DME}} \text{MoO}_2\text{Cl}_2(\text{dme}) \xrightarrow{\text{LiHMDS}}$$

Schema 16:   Herstellung des Molybdännitrido-Komplexes **26** als Präkatalysator.

A. FÜRSTNERS Ziel war es nach dieser Entdeckung noch benutzerfreundlichere Katalysatoren zu entwickeln.[36] Ein Screening nach anderen möglichen Stabilisatoren ergab, dass 1,10-Phenanthrolin (phen) zu unbegrenzt luftstabilen, katalytisch jedoch inaktiven Komplexen **28a** führt (Schema 17). Die Aktivität des Katalysators lässt sich durch Entfernen von Phenanthrolin wiederherstellen. Hierfür eignet sich beispielsweise MnCl_2, an das Phenanthrolin stärker koordiniert als an den Alkylidin-Komplex. Das Entfernen von Phenanthrolin kann sowohl vor der Katalyse als auch *in situ* erfolgen. Bei dem Nitrido-Katalysatorsystem **28a** wird allerdings im Vergleich zu den klassischen Katalysatoren des SCHROCK-Typs Aktivität eingebüßt. Um noch aktivere Katalysatoren zu entwickeln, wurde nach der „Low-Oxidation-State"-Route der Komplex $[\text{PhC}\equiv\text{Mo}(\text{OSiPh}_3)_3(\text{Et}_2\text{O})]$ (Et_2O = Diethylether) **25b** mit dem Benzylidinliganden synthetisiert. Die luftempfindliche Verbindung **25b** zeigte eine überaus hohe Metatheseaktivität. Auch dieser Komplex lässt sich mit Phenanthrolin stabilisieren (**28b**), wodurch er für einige Stunden an der Luft handhabbar wird. Der Stabilisator muss jedoch ebenfalls durch Zusätze entfernt werden. Zur gleichen Zeit wurde eine weitere Verbesserung in Bezug auf den Umsatz der Metathese gemacht: Durch Molekularsieb der Größe 5 Å wird eine deutliche Umsatzsteigerung im Vergleich zur herkömmlichen Unterdruckmethode erzielt.[36–38] Das Anlegen von Unterdruck, um das Nebenprodukt 2-Butin aus dem Gleichgewicht zu entfernen, stellte sich als nicht optimal heraus, da es zur Polymerisation des Nebenproduktes oder zu Konzentrationsänderungen kommen kann. Das Molekularsieb kann dagegen 2-Butin effizient aufnehmen und aus dem Gleichgewicht entfernen.[38]

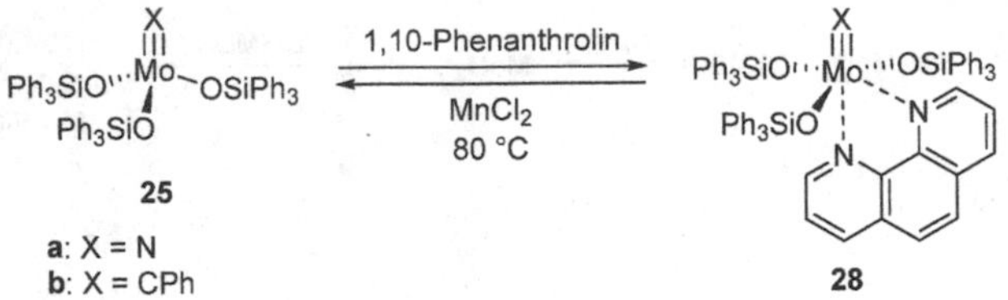

X
Ph_3SiO
Mo
$OSiPh_3$
Ph_3SiO
25
a: X = N
b: X = CPh
1,10-Phenanthrolin
$MnCl_2$
80 °C
X
Ph_3SiO
Mo
$OSiPh_3$
Ph_3SiO
N
N
28

Schema 17: Stabilisation und Aktivierung der Katalysatoren.

1.3 Verwendung in der Synthese

1.3.1 Kreuzmetathese

Wie bei der Olefinmetathese gibt es auch bei der Alkinmetathese die vier klassischen Reaktionstypen. Bei der Alkinkreuzmetathese (ACM) reagieren zwei unterschiedlich substituierte Alkine miteinander und bilden ein Produktgemisch, das unter anderem das Kreuzprodukt $R^1C{\equiv}CR^2$ enthält (Schema 18).[10] Werden jedoch zwei identische Alkine eingesetzt, findet die sogenannte Selbstmetathese bzw. Homodimerisierung statt. Angenommen das Nebenprodukt RC≡CR kann aus dem Gleichgewicht entfernt werden, entsteht bei der Homodimerisierung lediglich ein Produkt ($R^1C{\equiv}CR^1$).

Kreuzmetathese
R1 R2
R R
Katalysator
R1 R1
R1 R2
R2 R2
R R
Homodimerisierung
R1 R1
R R
Katalysator
R1 R1
R R

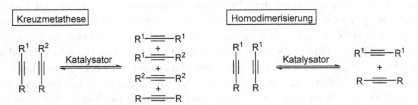

Schema 18: Kreuzmetathese und Homodimerisierung von Alkinen.

Um die Metathese zu einem bestmöglichen Umsatz zu bringen, ist es entscheidend eine Komponente des Produktgemisches aus dem Gleichgewicht zu entfernen. Aus diesem Grund besitzen die meisten Alkine eine Methylgruppe oder ein Wasserstoffatom als Substituent. Die Nebenprodukte 2-Butin bzw. Ethin haben geringe Siedepunkte und können durch verminderten Druck aus dem Reaktionsgemisch entfernt werden. Eine effektivere Methode ist der Einsatz von Molekularsieb in der Reaktion.[36] Dies hat eine hohe Adsorptionskapazität für das Nebenprodukt und entfernt es somit stetig aus dem Reaktionsgemisch. Eine alternative Strategie, die als „precipitation-driven" beschrieben wird, wurde von J. S. MOORE 2004 vorgestellt.[36,39,40] Wenn das Alkin durch einen Benzoylbiphenylrest substituiert ist, entsteht während der Metathese ein schwerlösliches Diarylacetylen als Nebenprodukt. Die Triebkraft der Metathese ist also das Ausfällen einer Komponente. J. S. MOORE setzte diese Methode erfolgreich bei der Synthese von Ethinyl-verbrückten Makrocyclen ein und kürzlich wurde die Herstellung molekularer Käfige mit Hilfe dieser Methode veröffentlicht.[39,41]

Bei der Kreuzmetathese kommt es zur Bildung eines Produktgemisches mit einer statistischen Verteilung der möglichen Produkte. Besonders gute Resultate können erzielt werden, wenn sich die beiden Reaktionspartner in ihren sterischen und elektronischen Begebenheiten unterscheiden.[10] Beispielsweise gehen elektronenarme Alkine oder Propargylalkoholderivate keine Homodimerisierung ein. In der Kreuzmetathese mit anderen Alkinen können dagegen gute Ausbeuten erzielt werden. Die modernen Alkinmetathese-Katalysatoren sind gegenüber Olefinen gänzlich unreaktiv. Dies ermöglicht die Anwendung der ACM in der Synthese von komplexen Naturstoffen.[42]

1.3.2 Ringschlussmetathese

Präparativ wertvoll für die organische Synthese ist die Ringschlussmetathese von Alkinen (RCAM).[7] Diverse funktionalisierte, acyclische Diine können in einer Metathesereaktion zu Cycloalkinen umgesetzt werden (Schema 19). Der Ringschluss von Alkinen mittels Metathese wurde erstmals von A. FÜRSTNER 1998 beschrieben, der den Wolframneopentylidin-Komplex 6b von R. R. SCHROCK verwendete.[43] Die RCAM hat gegenüber der Olefinringschlussmetathese den großen Vorteil, dass sie keinerlei stereochemische Probleme mit sich bringt. Bei der Metathese mit Dienen entstehen häufig Gemische aus den E- und Z-Alkenen. Alkine können dagegen im Anschluss an den erfolgten Ringschluss selektiv in das gewünschte Alken überführt werden.

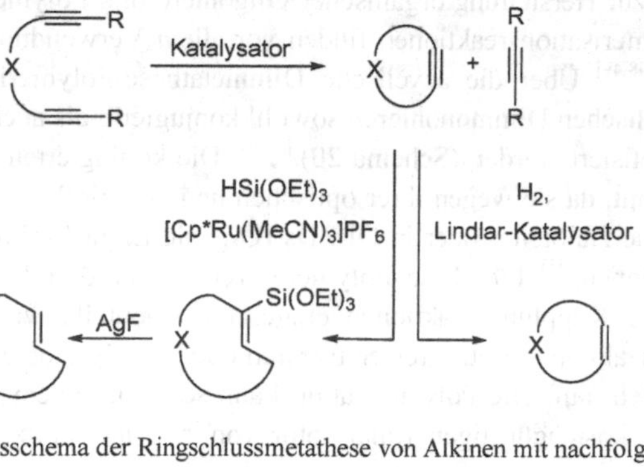

Schema 19:   Reaktionsschema der Ringschlussmetathese von Alkinen mit nachfolgender Hydrierung.

Das *Z*-Isomer des Alkens kann selektiv durch Hydrierung am Lindlar-Katalysator gewonnen werden, während die Gewinnung des *E*-Alkens komplizierter ist.[44] Das Alkin wird erst einer rutheniumkatalysierten Hydrosilylierung unterzogen. Die nachfolgende Protodesilylierung wird unter milden Bedingungen mit Hilfe von Silberfluorid in THF/aq. MeOH durchgeführt.

Eingesetzt wird die Ringschlussmetathese auf dem Gebiet der Totalsynthese, wobei sowohl die Systeme von R. R. SCHROCK und M. TAMM als auch von A. FÜRSTNER und C. C. CUMMINS eingesetzt werden können.[45] Auch in der Koordinationssphäre von Übergangsmetallkomplexen erwiesen sich die Katalysatoren des SCHROCK-Typs als erfolgreich. Auf diese Weise können Metallamakrocyclen wie **29** hergestellt werden (Abbildung 2).[46]

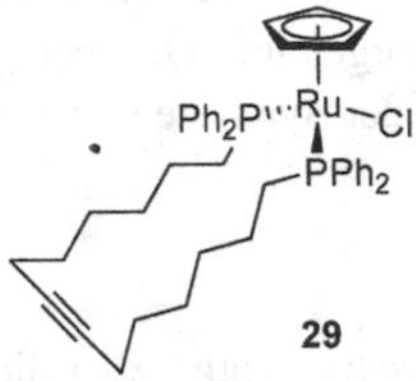

Abbildung 2:   Durch Alkinmetathese hergestellter Metallamakrocyclus.

1.3.3   Polymerisationsreaktionen

Die Polymerisation von Alkenen durch Metathese ist schon seit langem bekannt und findet mittlerweile großtechnische Anwendung.[47] Unter Berücksichtigung der neuen Entwicklungen auf dem Gebiet aktiver und robuster Metathese-Katalysatoren wird angenommen, dass weitere großtechnische Anwendungen folgen werden. Die Alkinmetathese kann zur Herstellung organischer Oligomere und Polymere eingesetzt werden. Diese Polymerisationsreaktionen finden vor allem Verwendung in den Materialwissenschaften.[48,49] Über die acyclische Diinmetathese-Polymerisation (ADIMET) können aus acyclischen Diinmonomeren sowohl konjugierte als auch nicht konjugierte Polymere synthetisiert werden (Schema 20).[50,51] Die konjugierten Polymere sind besonders interessant, da sie wegen ihrer optischen und elektrisch leitenden Eigenschaften als organische Halbleiter oder in OLEDs (Organic Light Emitting Diodes) eingesetzt werden können.[51] Für diese Polymere werden herkömmlich palladium- oder kupferkatalysierte Kupplungsreaktionen eingesetzt. Nachteile wie Nebenreaktionen, die limitierte Anzahl an einsetzbaren Substraten oder Katalysatorrückstände treten bei der ADIMET nicht auf. Die Polymerisation kann selbst in einem simplen Versuchsaufbau mit dem kostengünstigen Katalysator von A. MORTREUX durchgeführt werden.[51,52]

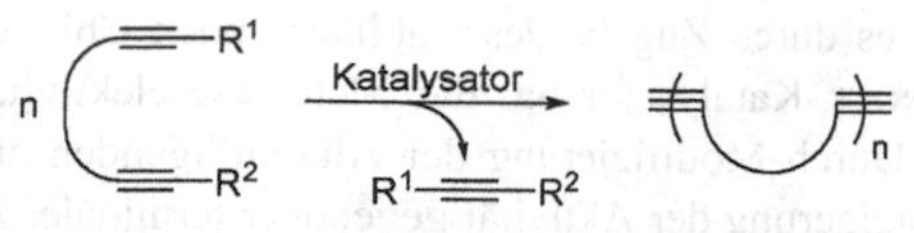

Schema 20: Reaktionsschema der ADIMET.

Bei der ringöffnenden Alkinmetathese-Polymerisation (ROAMP), deren Prinzip in Schema 21 abgebildet ist, werden cyclische Alkine verwendet und unter Ringöffnung miteinander verknüpft.[53] Die Triebkraft dieser Polymerisation ist die Verminderung der Ringspannung des cyclischen Substrats. Die begrenzte Anzahl cyclischer Alkine und die weitaus weniger interessante Anwendungsmöglichkeit der Polymere sorgen dafür, dass diese Methode nicht die gleiche Anwendungsbreite hat wie die ADI-MET.[48,54]

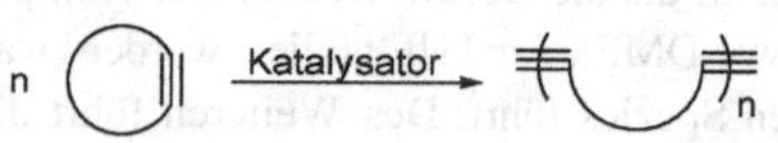

Schema 21: Reaktionsschema der ROAMP.

1.3.4 Terminale Alkinmetathese und Diinmetathese

Frühe Studien zur Aktivität von Katalysatoren der Alkinmetathese haben gezeigt, dass die Metathese terminaler Alkine nur in sehr geringem Maß möglich ist. A. MORTREUX konnte 1993 zeigen, dass der Komplex [^{t}BuC≡W(O^{t}Bu)] **6a** für kurze Zeit Alkine metathetisiert jedoch dann zur Polymerisation des Substrats neigt.[55] Die Ursache für die Reaktivität gegenüber terminalen Alkinen konnte mit der Entdeckung der Deprotiometallacyclobutadiene **31** erklärt werden, die erstmals in den 1980er Jahren unter anderem von R. R. SCHROCK isoliert wurden.[56] Aus dem MCB **30**, dem Intermediat der Alkinmetathese, wird ein Proton abgespalten, wodurch sich die deprotonierte Spezies **31** bildet (Schema 22). Hieraus wird im weiteren Verlauf ein Carben-Komplex **32**, welcher zur Polymerisation des Substrats führt.

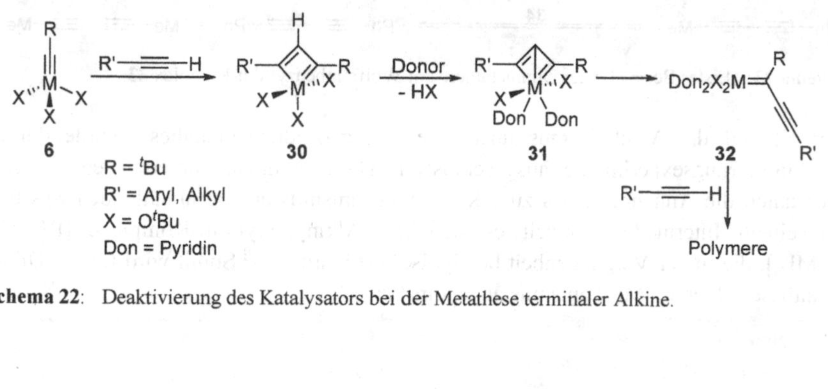

R = ^{t}Bu
R' = Aryl, Alkyl
X = O^{t}Bu
Don = Pyridin

Schema 22: Deaktivierung des Katalysators bei der Metathese terminaler Alkine.

A. Morteux gelang es durch Zugabe des stabilisierenden Chinuclidins (1,4-Ethano-piperidin) zum Schrock-Katalysator **6a**, die Metatheseselektivität für 1-Heptin auf 80% zu erhöhen.[57] Durch Modifizierung der Alkoxidliganden am Wolframzentrum wurde eine weitere Steigerung der Aktivität gegenüber terminaler Alkine erreicht. Der bis zu diesem Zeitpunkt aktivste Komplex war damit der bimetallische Komplex $W_2(MMPO)_6$ (MMPO = 1-Methoxy-2-methylpropan-2-ol) mit sterisch anspruchsvollen, hemilabilen Alkoxidliganden.[57]

2012 veröffentlichten M. Tamm et al. das erste Beispiel einer selektiven terminalen Alkinmetathese (TAM).[58] Mit dem neuartigen Katalysator [MesC≡Mo{OCMe(CF$_3$)$_2$}$_3$] (Mes = 1,3,5-Trimethylphenyl) **33** wurde bei unterschiedlichen terminalen Alkinen keine unerwünschte Polymerisation beobachtet. Als entscheidender Faktor hierfür gilt die hohe Aktivität des Katalysators, wodurch die Metathese schneller verläuft als die Deaktivierung. Der Komplex konnte ohne stabilisierende Lösungsmittel wie DME oder THF isoliert werden, was zu einer sehr aktiven, tetraedrisch koordinierten Spezies führt. Des Weiteren führt die geringe Basizität der fluorierten Alkoxidliganden zu einer verlangsamten Deprotonierung des MCBs. Außerdem spielt auch eine hohe Verdünnung des Reaktionsgemisches eine große Rolle, um eine Polymerisationen auszuschließen. Das Nebenprodukt Ethin konnte mit Hilfe von Molekularsieb aus dem Gleichgewicht entfernt werden.[58]

Bei der Forschung nach neuen Anwendungsgebieten der Alkinmetathese wurden auch konjugierte Diine RC≡C-C≡CR getestet, die am Katalysator potentiell zu Triinen RC≡C-C≡C-C≡CR umgesetzt werden sollten.[59] M. Tamm konnte jedoch überraschenderweise feststellen, dass 1,3-Pentadiin-1-ylbenzol an dem Wolframbenzylidin-Komplex **34** zu den Diinen 1,4-Diphenyl-1,3-butadien und 2,4-Hexadiin umgesetzt wird (Schema 23).

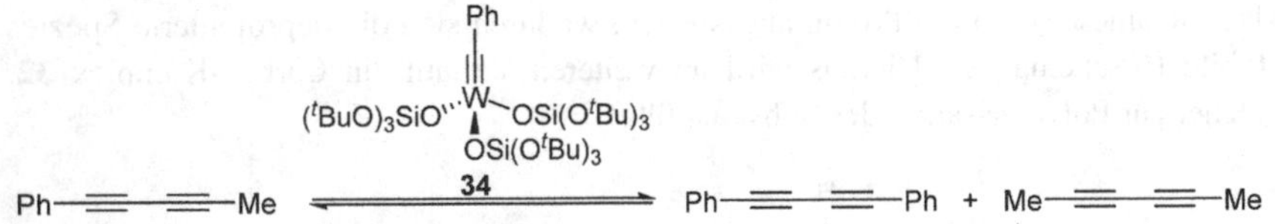

Ph———≡———Me ⇌ ('BuO)$_3$SiO''''W–OSi(O^{t}Bu)$_3$ ... Ph———≡———Ph + Me———≡———Me

Schema 23: Erstes Beispiel einer Diinmetathese am Wolframbenzylidin-Komplex **33**.

Der Verlauf des Mechanismus über eine C,C-σ-Bindungsmetathese wurde durch ^{13}C-Markierungsexperimente ausgeschlossen. Darüber hinaus unterstützen weitere Messdaten die Annahme eines zum Katz-Mechanismus analog ablaufenden Zyklus. Bei einem Intermediat handelt es sich um Alkinylalkylidin-Komplexe [RC≡C-C≡ML$_n$], die in der Vergangenheit bereits isoliert wurden.[60] Somit wird für die Diinmetathese folgender Mechanismus angenommen.

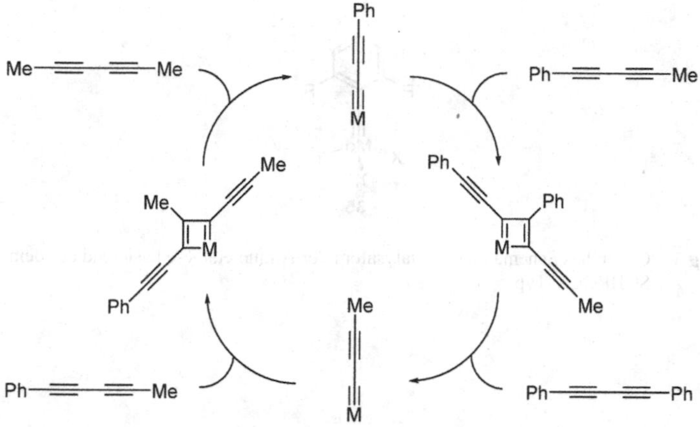

Schema 24: Angenommener Mechanismus der Diinmetathese.

1.4 Zielsetzung

Alle eindeutig definierten Katalysatoren der Alkinmetathese, die bis heute bekannt sind, beruhen auf Wolfram- oder Molybdänalkylidin-Komplexen des SCHROCK-Typs (**6**), die durch verschiedene Alkoxid-, Amid-, Imidazolin-2-iminato-, Phosphoranimi-nato- oder Silanolat-Liganden stabilisiert werden. Mit Ausnahme des FÜRST-NER-Systems, welches in Schema 17 dargestellt ist, sind diese Verbindungen luft- und wasserempfindlich. Die Stabilität des FÜRSTNER-Systems wird lediglich durch koordi-nierende Zusätze aufrechterhalten, die für die Katalyse wieder entfernt werden müs-sen. Für eine einfachere Anwendbarkeit und eine weitere Verbreitung der Alkinmeta-these ist die Entwicklung robuster Katalysatoren entscheidend. Daher sollte im Rah-men dieser Arbeit der Benzylidinrest des Komplexes **35** verändert werden, um zu un-tersuchen, ob sterisch anspruchsvolle Gruppen R wie Isopropyl oder *tert*-Butyl am Benzylidin einen abschirmenden Effekt auf das Metallzentrum haben. Es sollten dem-entsprechend Syntheserouten für diese Komplexe entwickelt werden und die neuen Katalysatoren auf ihr katalytische Aktivität und Stabilität untersucht werden (vgl. Abb. 3).

Anhand von DFT-Rechnungen (Dichtefunktionaltheorie), die den Einfluss verschiede-ner Alkoxid- (X) und Iminatoliganden (Y) auf das Metall bestimmen, kann eine Aus-wahl potentieller Katalysatoren erhalten werden. Hieraus ergeben sich theoretisch wei-tere Möglichkeiten hochaktive Katalysatoren zu erhalten, die möglicherweise eine an-dere Aktivität aufweisen als die bereits bekannten. Somit sollte in dieser Arbeit wei-terhin eine Auswahl an potentiell aktiven Katalysatoren synthetisiert und auf ihre Ak-tivität getestet werden.

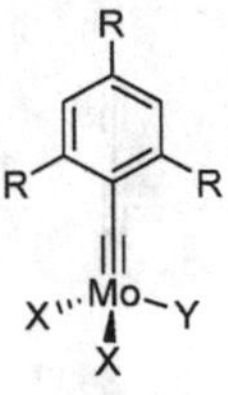

Abbildung 3: Generelles Schema eines Katalysators der Alkinmetathese basierend auf dem SCHROCK-Typ.

2 Diskussion und Ergebnisse

2.1 Molybdän(2,4,6-triisopropyl)benzylidin-Komplex

Um eine mögliche Abschirmung des Metallzentrums im Molybdänalkylidin-Komplex durch sterisch anspruchsvolle Gruppen am Benzylidin zu studieren, sollte zunächst über die „Low-Oxidation-State"-Route ein Triisopropylbenzylidin-Komplex des Molybdäns hergestellt werden. Daher wird im folgenden Abschnitt die Synthese des Komplexes vorgestellt, die eine Abwandlung zur bekannten Route beinhaltet. Im Anschluss daran wird die Aktivität des Triisopropylbenzylidin-Komplexes diskutiert.

2.1.1 Synthese der Ausgangsverbindungen

Die Synthese von Molybdänalkylidin-Komplexen kann erfahrungsgemäß zuverlässig nach der in Schema 25 dargestellten „Low-Oxidation-State"-Route erfolgen.[6,26] Angelehnt an die von E. O. FISCHER und A. MAASBÖL entwickelte Methode verläuft die Synthese im ersten Schritt über einen Pentacarbonylmetallacyl-Komplex.[61] Hierfür wird Mo(CO)$_6$ mit einer Organolithiumverbindung umgesetzt, wobei der organische Rest nukleophil am Kohlenstoffatom eines Carbonylliganden angreift. Um den Acyl-Komplex zu stabilisieren wird das Lithium- gegen ein Tetramethylammoniumkation ausgetauscht. Der Acyl-Komplex kann für die Reste Phenyl und Mesityl generell in guten Ausbeuten isoliert werden.

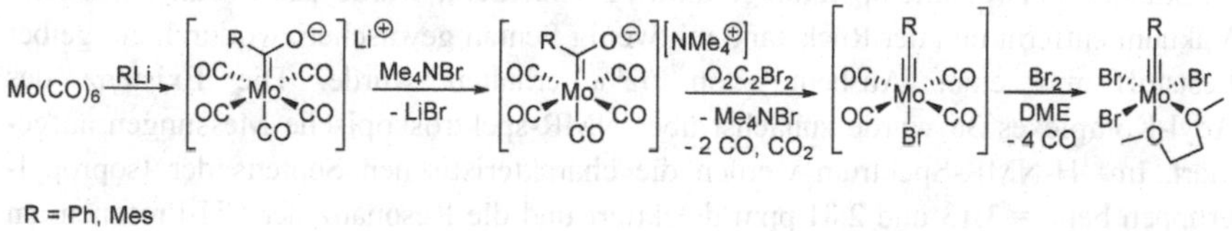

R = Ph, Mes

Schema 25: Allgemeine Syntheseroute von Tribromoalkylidin-Komplexen.

Die Synthese des 2,4,6-Triisopropylbenzylidin-Komplexes sollte ebenfalls mit Hilfe der dargestellten Route möglich sein. Daher wurde zunächst in Diethylether 2,4,6-Triisopropylphenyllithium aus 1-Brom-2,4,6-triisopropylbenzol und zwei Äquivalenten *tert*-Butyllithium (*t*-BuLi) erzeugt. Das Reaktionsgemisch wurde direkt zu einer Suspension aus Mo(CO)$_6$ in Diethylether gegeben (Schema 26). Zur Stabilisierung des Acyl-Komplexes **36** wurde dieser mit einer wässrigen Lösung von NMe$_4$Br versetzt. Entgegen der Erwartung konnte der Acyl-Komplex **37** als Ammoniumsalz jedoch nicht in zufriedenstellender Ausbeute isoliert werden.

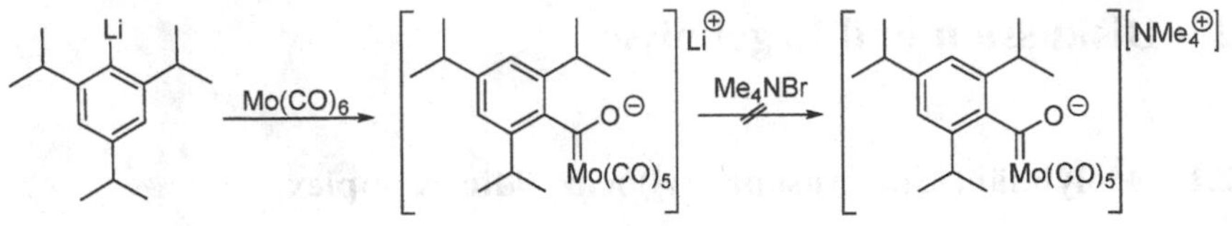

Schema 26: Synthese des Acyl-Komplexes.

Da der Benzolring am Acylliganden sterisch anspruchsvolle Isopropylgruppen trägt, wurde vermutet, dass der Acyl-Komplex bereits als Lithiumsalz stabil sein könnte. Daher wurde die Isolierung des Komplexes **36** als Ausgangsverbindung für weitere Synthesen angestrebt. Da weiterhin bei der Erzeugung des Lithiumorganyls einige störende Nebenprodukte anfallen können, empfiehlt es sich, eine Aufarbeitung des 2,4,6-Triisopropylphenyllithiums vor der Weiterverwendung durchzuführen.[62] Nach der Reaktion von 1-Brom-2,4,6-triisopropylbenzol mit t-BuLi in Diethylether wurde daher das Lösungsmittel im Vakuum entfernt und der weiße Rückstand lange im Hochvakuum getrocknet. Der weiße Feststoff wurde anschließend mit Pentan extrahiert und das Produkt mit einer Ausbeute von 68% erhalten. Im ^{1}H-NMR-Spektrum des Feststoffs sind die charakteristischen Signale der 2,4,6-Triisopropylphenylgruppe deutlich zu erkennen.

Das lithiierte 2,4,6-Triisopropylbenzol wurde im nächsten Schritt bei 0 °C zu einer Suspension aus Mo(CO)$_6$ in Diethylether gegeben und das Reaktionsgemisch 18 Stunden bei Raumtemperatur gerührt. Anschließend wurde das Lösungsmittel im Vakuum entfernt und der Rückstand mit wenig Pentan gewaschen, wodurch ein gelber Feststoff mit einer Ausbeute von 62% erhalten wurde. Die Existenz des Acyl-Komplexes **36** wurde zunächst über NMR-spektroskopische Messungen aufgeklärt. Im ^{1}H-NMR-Spektrum werden die charakteristischen Septetts der Isopropylgruppen bei $\delta = 3.13$ und 2.81 ppm detektiert und die Resonanz der CH-Protonen am Sechsring erscheint bei $\delta = 6.94$ ppm. Im ^{13}C-NMR-Spektrum werden zwar die Signale des 2,4,6-Triisopropylphenylrestes erhalten, die Resonanzen der Carbonyl-Kohlenstoffe konnten jedoch trotz hoher Konzentration des Komplexes in der vermessenen Lösung nicht aufgelöst werden. Durch Kühlen einer gesättigten Pentanlösung auf -35 °C wurden weiterhin Einkristalle erhalten, die röntgenkristallographisch untersucht werden konnten. Die resultierende Molekülstruktur ist in Abbildung 4 dargestellt.

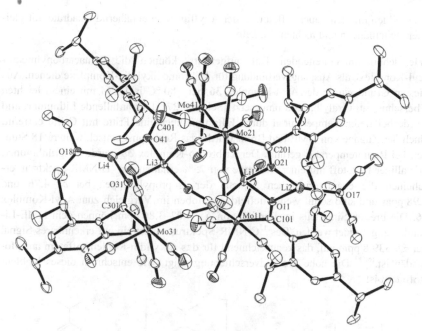

Abbildung 4: Darstellung der Molekülstruktur von [(**36**)4·2Et₂O] ohne Wasserstoffatome (50% Aufenthaltswahrscheinlichkeit). Ausgewählte Bindungslängen [Å] und Winkel [°]: Mo11-C101 2.245(2), Mo21-C201 2.231(2), Mo31-C301 2.236(2), Mo41-C401 2.238(2), O11-Li1 1.921(4), O11-Li2 1.935(5), O21-Li1 1.916(4), O21-Li2 1.929(4), O31-Li3 1.901(4), O31-Li4 1.942(4), O41-Li3 1.926(4), O41-Li4 1.935(5), O17-Li2 1.904(4), O18-Li2 1.894(5); Li1-O11-Li2 89.79(18), Li1-O21-Li2 90.15(19), Li3-O31-Li4 89.78(19), Li3-O41-Li4 89.24(19), O11-Li1-O21 90.42(18), O11-Li2-O21 89.61(19), O31-Li3-O41 91.22(18), O31-Li4-O31 89.70(19).

Der Acyl-Komplex **36** kristallisiert als Tetramer mit zwei Diethylether-Molekülen in der orthorhombischen Raumgruppe $P2_12_12_1$. Die Sauerstoffatome der Acylliganden stabilisieren jeweils zwei Lithiumkationen. An die außen liegenden Lithiumkationen koordiniert zusätzlich jeweils ein Diethylether-Molekül, während die innen liegenden Kationen durch Sauerstoffatome der CO-Liganden stabilisiert werden. Die Bindungslängen zwischen Molybdän und den Acylliganden betragen 2.245(2), 2.231(2), 2.236(2) und 2.238(2) Å und sind somit länger als die Bindungen zu den Carbonylliganden. Dies ist auf den weniger stark ausgeprägten π-Akzeptorcharakter der Acylliganden zurückzuführen. Die Bindungslängen vom Molybdän zu den übrigen CO-Liganden sind vergleichbar mit denen im freien Mo(CO)₆, bei dem die Abstände etwa 2.06 Å betragen.[2] Die Abstände der Carbonyl-Sauerstoffatome zu den Lithiumkationen liegen im Bereich von 1.901(4) bis 1.942(4) Å und sind damit etwas länger als die Abstände der Ether-Sauerstoffatome zu den Lithiumkationen. Die Lithiumkationen bilden mit den Sauerstoffatomen der Acylliganden annähernd Quadrate mit gleichen Seitenlängen und rechten Winkeln.

Wie schon im einleitenden Teil aufgeführt, können die Pentacarbonylmetallacyl-Komplexe als Ausgangsverbindung für Tribromoalkylidin-Komplexe dienen. Aus diesem Grund wurde der Acyl-Komplex **36** bei −80 °C in DCM mit einem leichten Überschuss an Oxalylbromid umgesetzt (Schema 27). Das anfallende Lithiumbromid wurde bei tiefen Temperaturen durch Filtration über eine Fritte mit Celite entfernt. Nach der Zugabe von DME und Brom wurde das Reaktionsgemisch weitere 18 Stunden bei Raumtemperatur gerührt. Der Tribromo-Komplex **38** wurde als grünbrauner, kristalliner Feststoff mit einer Ausbeute von 75% erhalten. Im ^{1}H-NMR-Spektrum erscheinen die charakteristischen Septetts der Isopropylgruppen bei $\delta = 4.76$ und 2.98 ppm und sind somit weiter tieffeldverschoben im Vergleich zum Acyl-Komplex **36**. Die breiten Singuletts im Bereich von $\delta = 4.02–3.86$ ppm können dem DME-Liganden zugeordnet werden. Das ^{13}C-NMR-Spektrum weist ein gut erkennbares Signal bei $\delta = 339.8$ ppm auf, das kennzeichnend für das Alkylidin-Kohlenstoffatom am Molybdän ist.[6,58] Die hohe Tieffeldverschiebung zeigt, wie entschirmt dieses Kohlenstoffatom ist.

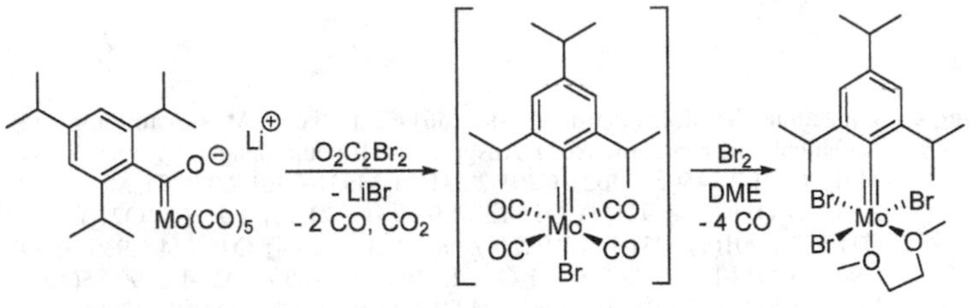

Schema 27:   Synthese des Tribromo-2,4,6-triisopropylbenzylidin-Komplexes **38**.

2.1.2   Darstellunng des Tris(hexafluoro-tert-butoxy)-Komplexes

Wie in Abschnitt 1.2.1 beschrieben, handelt es sich bei Tribromoalkylidin-Komplexen um hervorragende Ausgangsverbindungen für Katalysatoren der Alkinmetathese. Da sich in der Vergangenheit Hexafluoro-*tert*-butoxide als besonders geeignete Liganden bewährt haben, sollten sie auch auf das System mit dem sterisch anspruchsvollen Alkylidinliganden angewendet werden.[22,27,31,58] Hierfür wurde der Tribromo-Komplex **38** mit drei Äquivalenten KOCMe(CF$_3$)$_2$ in THF bei Raumtemperatur umgesetzt (Schema 28). Schon nach kurzer Zeit erfuhr das Reaktionsgemisch eine Farbänderung von braun zu violett. Nach der Aufarbeitung wurde das Produkt als braunes Öl erhalten. Es wurde anschließend zur Aufreinigung bei −82 °C aus Pentan auskristallisiert.

Insgesamt wurde nach dreimaligem Umkristallisieren ein gelber Feststoff mit einer Ausbeute von 33% erhalten.

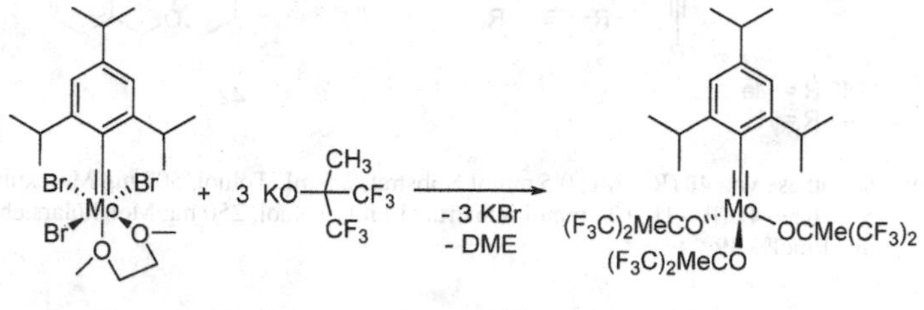

Schema 28: Synthese des 2,4,6-Triisopropylbenzylidin-Komplexes **39** mit Alkoxidliganden.

Die Substitution der Liganden zeigt sich im ^{1}H-NMR-Spektrum durch das Verschwinden der DME-Signale und die Entstehung der Resonanz der *tert*-Butoxygruppe bei $\delta = 1.86$ ppm. Die Verschiebungen der CH-Protonen der Isopropylgruppen betragen $\delta = 3.86$ und 2.87 ppm. Im Vergleich zur Ausgangsverbindung **38** sind sie damit genau wie die Resonanzen der Methylgruppen am Benzolring leicht ins hohe Feld verschoben. Der Einfluss der schwach elektronendonierenden Alkoxidliganden zeigt sich auch in der Verschiebung des Signals des Alkylidin-Kohlenstoffatoms von $\delta = 339.8$ ppm im Tribromo-Komplex **38** zu $\delta = 320.2$ ppm im Komplex **39**. Im ^{19}F-NMR-Spektrum wird nur ein Signal bei $\delta = -78.2$ ppm detektiert, was darauf schließen lässt, dass der Komplex in Lösung C_{3v}-Symmetrie besitzt.

2.1.3   Studien zu Aktivität und Stabilität

Um die katalytische Aktivität und Stabilität des Triisopropylbenzylidin-Katalysators **39** einzugrenzen und mit bekannten Katalysatorsystemen vergleichen zu können, wurden zunächst einige Standardsubstrate der Alkinmetathese unter Schutzgasatmosphäre getestet. Wie in der Einleitung beschrieben eignen sich zu diesem Zweck vor allem Homodimerisierungen, bei denen nur ein Produkt selektiv gebildet wird. Zunächst wurde der 3-Pentinylether **40** mit einer internen Dreifachbindung getestet, bei dem 2-Butin (R = H) als Nebenprodukt gebildet wird (Schema 29). Dieses wird durch Molekularsieb der Größe 5 Å aus dem Reaktionsgemisch entfernt.

Das Substrat **40** wurde mit Molekularsieb in Toluol vorgelegt und mit 1 mol% des Katalysators **39** versetzt. Um den Umsatz des Eduktes am Katalysator gaschromatographisch zu verfolgen, wurden vor Katalysatorzugabe und in bestimmten Zeitabständen während der Katalyse Proben entnommen. Das sich daraus ergebene Umsatz-

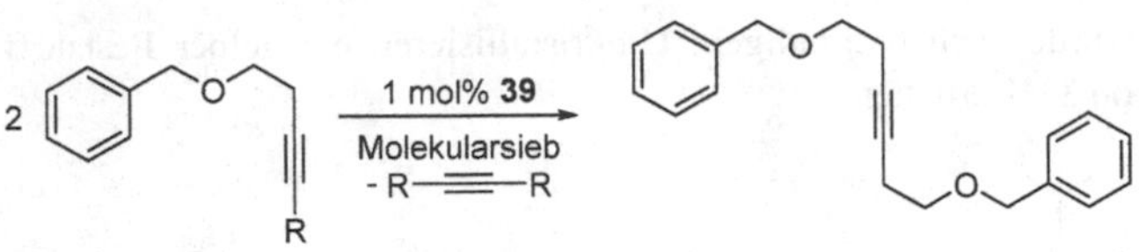

40 R = Me
41 R = H

42

Schema 29: Metathese von **40** (R = Me, 0.5 mmol Substrat, 2.5 mL Toluol, 500 mg Molekularsieb 5 Å) bzw. **41** (R = H, 0.25 mmol Substrat, 12 mL Toluol, 250 mg Molekularsieb 5 Å), mit 1 mol% **39**.

Zeit-Diagramm des Substrats ist in Abbildung 5 dargestellt. Es muss an dieser Stelle darauf hingewiesen werden, dass der Umsatz des Substrats nicht gleichzusetzen ist mit der Zunahme des Produkts. Mit Hilfe des Umsatzes des Substrats kann jedoch die Aktivität des Katalysators näherungsweise eingegrenzt werden. Um genaue Aussagen über tatsächlich gebildete Produktmengen treffen zu können, muss die isolierte Ausbeute bestimmt werden.

Wie in Abbildung 5 dargestellt konnte für den Komplex **39** trotz des sterisch anspruchsvollen Benzylidinliganden eine schnelle Initiierung beobachtet werden. Schon nach zwei Minuten waren 90% des Substrats **40** umgesetzt und nach etwa zehn Minuten wurde keine weitere Abnahme der Eduktkonzentration mehr detektiert. Im Vergleich zu dem im Arbeitskreis TAMM etablierten und hoch aktiven Katalysator [MesC≡Mo{OCMe(CF$_3$)$_2$}$_3$] **33** ergibt somit eine leicht verminderte Aktivität gegenüber dem internen Alkin **40**. Die isolierte Ausbeute beträgt 84% und ist damit niedriger als die des Katalysators **33**, für den eine isolierte Ausbeute von 99% erreicht werden kann.[58]

Als nächstes sollte überprüft werden, ob **39** auch für die Metathese terminaler Alkine geeignet ist. Daher wurde als Modellsubstrat das entsprechende terminale Alkin, der 3-Butinylether **41**, in der Metathese getestet (Schema 29). Die Abnahme der Substratkonzentration in Abhängigkeit der Zeit wurde analog zum vorherigen Versuch gaschromatographisch untersucht. Bei der Metathese terminaler Alkine muss zusätzlich darauf geachtet werden, dass das Substrat in höherer Verdünnung vorliegt, um die Polymerisation zu verhindern.[58]

Wie Abbildung 5 zu entnehmen ist, ergibt sich für das terminale Alkin **41** eine ähnlich schnelle Initiierungsrate wie beim internen Alkin **40**. Schon nach einer Minute wurde ein großer Teil des Substrats umgesetzt und nach drei Minuten konnte keine Änderung der Substratmenge mehr beobachtet werden. Auch nach zwei Stunden blieben noch 8% der anfänglich eingesetzten Eduktmenge im Reaktionsgemisch zurück.

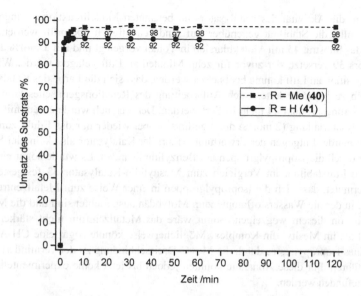

Abbildung 5: Umsatz-Zeit-Diagramme für die Metathesen von **40** (R = Me, schwarz) bzw. **41** (R = H, rot) mit Katalysator **39** (1 mol%) bei Raumtemperatur und Anwesenheit von Molekularsieb 5 Å.

Um ein weiteres terminales Alkin testen zu können, wurde der *para*-Methoxy-substituierte Alkinylester **43** hergestellt. Die Synthese gelang in guten Ausbeuten (87%) durch Veresterung des entsprechenden Säurechlorids mit 3-Butinol vermittelt durch DMAP (*N,N*-Dimethylaminopyridin) und Pyridin. Die Identität wurde durch NMR-Spektroskopie nachgewiesen und die Reinheit mittels Elementaranalyse und Gaschromatographie belegt. Unter Verwendung der oben beschriebenen Reaktionsbedingungen wurde das Modellsubstrat **43** zum Homodimer **44** umgesetzt (Schema 30). Hierbei wurde eine Ausbeute von 79% erhalten, die ebenfalls unterhalb der des Mesitylidin-Katalysators **33** liegt.

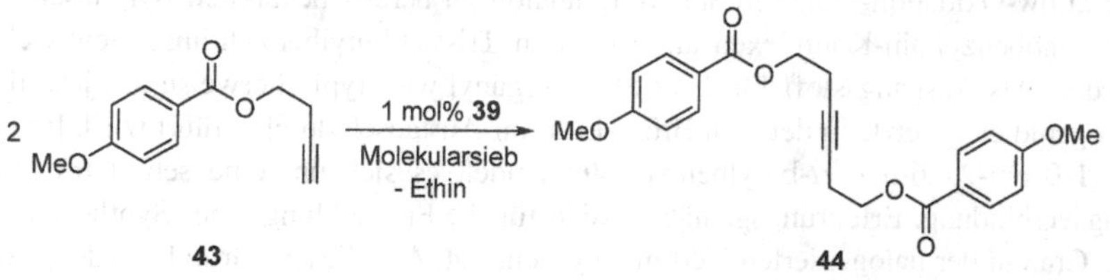

Schema 30: Metathese von **43**, Reaktionsbedingungen: 0.5 mmol Substrat, 1 mol% **39**, 24 mL Toluol, 500 mg Molekularsieb (5 Å).

Nachdem die Aktivität des Katalysators an bekannten Modellreaktionen eingegrenzt wurde, sollte die Stabilität gegenüber Luft und Feuchtigkeit überprüft werden. Dazu wurde das Substrat **43** mit Molekularsieb in Toluol vorgelegt und mit 1 mol% des Katalysators **39** versetzt, der zuvor für zehn Minuten an Luft gelagert wurde. Während der Exposition an Luft konnte beobachtet werden, dass sich die Farbe des Katalysators von gelb zu braun änderte. Nach Aufarbeitung des Reaktionsgemisches konnte das Dimerisierungsprodukt **44** nicht isoliert werden. Der Versuch wurde erneut mit erhöhter Katalysatorladung (2 mol%) durchgeführt, wobei wieder nur das Edukt zurückgewonnen wurde. Entgegen der Erwartung erfährt der Katalysator also keinerlei Stabilisierung durch die Isopropylgruppen am Benzylidinliganden. Es wurde sogar eine verminderte Luftstabilität im Vergleich zum Mesitylidin-Katalysator **33** festgestellt. Es wird vermutet, dass sich die Isopropylgruppen in einer Weise zum Metallzentrum anordnen, in der die Wasserstoffatome zum Molybdän ausgerichtet sind und die Methylgruppen von diesem wegzeigen. Somit wäre das Metallzentrum nicht stärker abgeschirmt als im Mesitylidin-Komplex. Möglicherweise könnte sogar eine CH-Aktivierung eines Isopropylrestes durch die Mo≡C-Dreifachbindung zu der verminderten Stabilität führen. Für diese Annahme konnten jedoch bis jetzt keine experimentellen Beweise gefunden werden.

2.2   Molybdän(2,4,6-tri-*tert*-butyl)benzylidin-Komplex

Wie in den vorangegangenen Abschnitten beschrieben, war das Ziel dieser Arbeit die Modifikation des Arylrests an der Mo≡C-Dreifachbindung, um stabilere Alkylidine zu erzeugen. Da der sterische Anspruch der Isopropylgruppen am Benzylidin wahrscheinlich nicht ausreicht, sollte er weiter erhöht werden. Die logische Schlussfolgerung war daher die Herstellung eines Tri-*tert*-butylbenzylidin-Komplexes. Daher werden im folgenden Abschnitt die Synthesen im Zusammenhang mit dem Tri-*tert*-butylphenylrest dargestellt.

2.2.1   Synthese von 1-Brom-2,4,6-tri-tert-butylbenzol

Die „Low-Oxidation-State"-Route sollte analog zu bereits bekannten Synthesen von Tribromobenzylidin-Komplexen auch für den Tri-*tert*-butylbenzylidinrest entwickelt werden. Als Ausgangsstoff für das Lithiumorganyl wird typischerweise das jeweilige Halogenid eingesetzt, an dem ein Brom-Lithium-Austausch durchgeführt wird. Im Fall des 1-Brom-2,4,6-tri-*tert*-butylbenzols **46** handelt es sich um eine sehr teure Ausgangsverbindung. Erfahrungsgemäß werden für die Entwicklung einer Synthese mehrere Gramm der halogenierten Verbindung benötigt. Aus diesem Grund wurde es ausgehend von kostengünstigen Ausgangsmaterialien hergestellt.

Zunächst wurde wie in Schema 31 dargestellt Benzol in einer FRIEDEL-CRAFTS-Alkylierung mit *tert*-Butylchlorid und AlCl$_3$ nach einer Vorschrift von D. C. NECKERS dreifach alkyliert.[63] Die Ausgangsstoffe wurden bei tiefen Temperaturen zusammengegeben und einige Stunden gerührt. Nach Quenchen der Reaktion mit Eis wurde die organische Phase abgetrennt, das Lösungsmittel im Vakuum entfernt und der weiße Rückstand aus Methanol umkristallisiert. Durch NMR-spektroskopische Untersuchungen konnte nachgewiesen werden, dass es sich bei dem isolierten Feststoff um das reine, substituierte Benzol handelt.

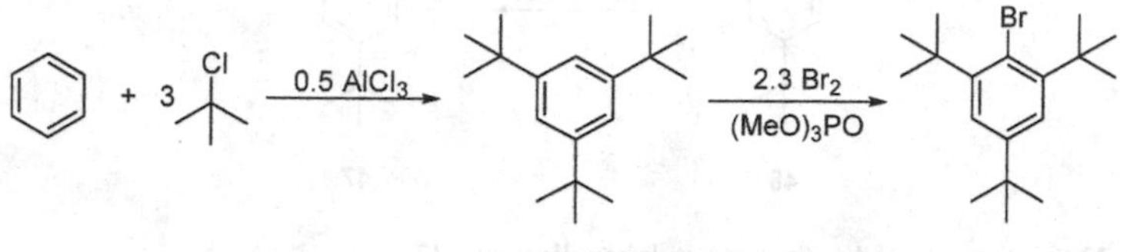

Schema 31: Synthese des 1-Brom-2,4,6-tri-*tert*-butylbenzols **46**.

Im nächsten Schritt erfolgte die Bromierung ähnlich zu der Vorschrift von R. KNORR.[64] Hierfür wurde 1,3,5-Tri-*tert*-butylbenzol **45** in Trimethylphosphat vorgelegt und mit 2.3 Äquivalenten Brom versetzt. Das Reaktionsgemisch wurde mehrere Stunden bei erhöhter Temperatur gerührt. Anschließend wurde der ausgefallene Rückstand aus Ethanol auskristallisiert. Das ^{1}H-NMR-Spektrum des weißen Feststoffs weist drei Singuletts bei $\delta = 7.43$, 1.61 und 1.34 ppm auf, wobei die letzten beiden Signale den Protonen der *tert*-Butylgruppen in *ortho*- bzw. *para*-Position entsprechen. Das am stärksten ins Tieffeld verschobene Signal gehört zu den CH-Protonen am Sechsring.

2.2.2 Synthese des Tribromo-2,4,6-tri-tert-butylbenzylidin-Komplexes

Nachdem 1-Brom-2,4,6-tri-*tert*-butylbenzol **46** in ausreichender Menge hergestellt wurde, konnte die Synthese des Acyl-Komplexes angestrebt werden. Für den Triisopropylphenylrest wurde in Abschnitt 2.1.1 gezeigt, dass eine Stabilisierung des Acyl-Komplexes durch NMe$_4$$^+$ nicht notwendig ist, sondern sich sogar negativ auf die Ausbeute auswirkt. Daher wurde der Ansatz des Triisopropylphenylrestes auch für diesen Rest verfolgt und somit zunächst die Isolierung von 2,4,6-Tri-*tert*-butylpenyllithium **47** nach der Vorschrift von K. LAMMERTSMA angestrebt.[65] Das Halogenid **46** wurde hierfür in Diethylether vorgelegt und bei 0 °C mit zwei Äquivalenten *n*-BuLi versetzt (Schema 32). Nach drei Stunden wurde das Lösungsmittel im Vakuum entfernt und der weiße Rückstand im Hochvakuum getrocknet. Die NMR-spektroskopische Untersuchung des Feststoffes zeigt, dass sich neben der Hauptkomponente noch eine zweite Spezies im Produktgemisch befindet. Im ^{1}H-NMR-Spektrum werden zwei Signalsätze erhalten, wobei einer davon aus drei Singuletts besteht, die auf die Resonanzen des Lithiumorganyls **47** zutreffen. Die Verschiebungen von $\delta = 6.79$, 1.29 und 1.24 ppm stimmen exakt mit den in der Literatur angegebenen Werten überein.[65] Die im ^{13}C-NMR-Spektrum erhaltenen Signale entsprechen ebenfalls denen des gewünschten Produktes. Lediglich das Signal des *ipso*-Kohlenstoffatoms wird wahrscheinlich wegen einer zu geringen Auflösung nicht detektiert.

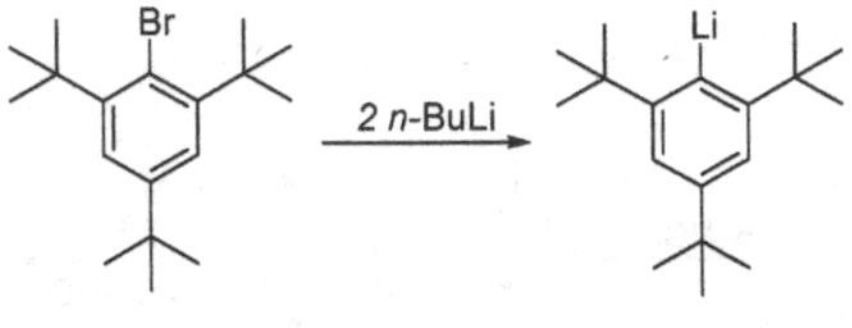

Schema 32: Synthese des 2,4,6-Tri-*tert*-butylphenyllithiums **47**.

Neben dem erwarteten Signalsatz treten im ^{1}H-NMR-Spektrum weiterhin zwei Singuletts auf. Diese haben Verschiebungen von $\delta = 7.23$ und 1.30 ppm und können dem freien 1,3,5-Tri-*tert*-butylbenzol zugeordnet werden. Durch Verringern der Reaktionstemperatur oder durch mehrfaches Waschen des Produktes mit Pentan konnte die leichte Verunreinigung durch die protonierte Spezies nicht verhindert werden. Des Weiteren ist unklar, woher das zusätzliche Proton stammt, was das Lithium verdrängt. Da das 2,4,6-Tri-*tert*-butylphenyllithium **47** als Hauptprodukt der Reaktion erhalten wurde, wurde es ungeachtet der leichten Verunreinigung weiter mit Mo(CO)$_6$ umgesetzt, in der Hoffnung die Verunreinigung in einem späteren Schritt entfernen zu können.

Zu diesem Zweck wurde die Organolithiumverbindung **47** in Diethylether gelöst und bei 0 °C zu einer Suspension aus Mo(CO)$_6$ in Diethylether gegeben (Schema 33). Nach mehreren Stunden änderte sich die Farbe des Reaktionsgemisches von gelb zu rotbraun. Nach Entfernung des Lösungsmittels im Vakuum wurde der braune Rückstand in wenig DCM aufgenommen und aus Pentan ausgefällt. Der entstandene Feststoff wurde isoliert und NMR-spektroskopisch untersucht.

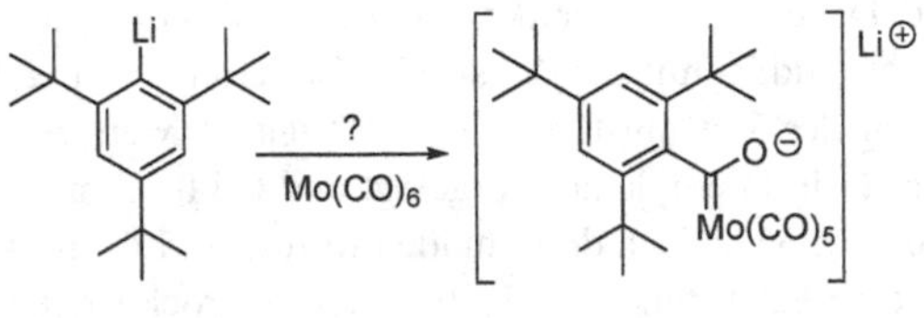

Schema 33:   Umsetzung des Lithiumorganyls **47** zu einem unbekannten Produktgemisch.

Im ^{1}H-NMR-Spektrum wird neben drei Singuletts, deren Intensitätsverhältnisse einem 2,4,6-Tri-*tert*-butylphenylrest zugeordnet werden können, ein weiterer Signalsatz bestehend aus zwei Resonanzen erhalten. Die zum 2,4,6-Tri-*tert*-butylphenylrest gehörenden Signale werden bei Verschiebungen von δ = 7.25, 1.32 und 1.29 ppm detektiert und sind somit im Vergleich zur Ausgangsverbindung **47** leicht verschoben. Die Verschiebungen des zweiten Signalsatzes betragen δ = 7.18 und 1.38 ppm und diese beiden Singuletts weisen ein Intensitätsverhältnis von 1:9 auf. Mit Hilfe des ^{13}C-NMR-Spekrums kann leider keine nähere Aussage über die genaue Struktur der Verbindung gemacht werden, da die für den Acyl-Komplex **48** erwarteten Signale nicht beobachtet werden. Um die Struktur des Reaktionsprodukts aufzuklären, sollte der Feststoff aus einem Pentan-DCM-Gemisch bei −35 °C auskristallisiert werden. Nach mehreren Tagen wurden hierbei hellbraune Einkristalle erhalten, die geeignet für eine röntgenographische Untersuchung waren. Es stellte sich heraus, dass es sich bei der auskristallisierten Substanz um eine bereits charakterisierte Verbindung handelt, den η^6-Komplex **49** (Abbildung 6).[66,67] Der Komplex wurde erstmal 1992 von N. I. KIRILLOVA et al. beschrieben und nur noch ein weiteres Mal in der Literatur im Zusammenhang mit Photoelektronenspektroskopie erwähnt. Er lässt sich darüber hinaus gut mit dem zweiten, aus zwei Singuletts bestehenden Signalsatz im ^{1}H-NMR-Spektrum vereinen.

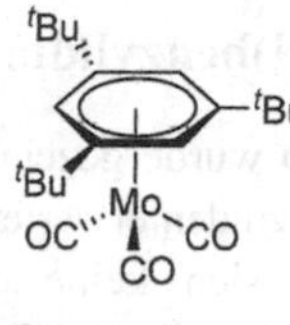

^{t}Bu

^{t}Bu

^{t}Bu

OC''''Mo''''CO

CO

49

Abbildung 6: η^6-Komplex aus der Umsetzung von **47** mit Mo(CO)$_6$.

Im Folgenden sollte versucht werden, die Entstehung des unerwünschten Produkts zu verhindern bzw. letzteres aus dem Produktgemisch vollständig zu entfernen. Zunächst wurde daher überprüft, ob eine Stabilisierung des Acyl-Komplexes **48** durch ein NMe$_4^+$-Kation nach der bewährten Methode möglich ist. Der nach dem Kationenaustausch isolierte Feststoff wurde jedoch mittels NMR-Spektroskopie als Zersetzungsprodukt identifiziert. Es werden keine charakteristischen Resonanzen des 2,4,6-Tri-*tert*-butylphenylrests mehr beobachtet. Es wurde außerdem versucht, **47** *in situ* einzusetzen, was jedoch auch nicht zu einer Änderung der Produktzusammensetzung führte. Alle Versuche, den η^6-Komplex **49** durch Extraktion, Ausfällen oder Kristallisation vom restlichen Produkt abzutrennen, stellten sich als unwirksam heraus. Die Bildung von **49** scheint gegenüber anderen Reaktionen bevorzugt zu sein, was wahrscheinlich auf die sterisch sehr anspruchsvollen *tert*-Butylgruppen zurückzuführen ist, die in der Verbindung **49** nur eine geringe Abstoßung zu anderen Resten erfahren. **49** ist darüber hinaus auch entropisch gesehen bevorzugt, da drei Carbonyle bei der Reaktion frei werden. Isostrukturelle Komplexe wurden auch von den Metallen Wolfram oder Chrom in der Literatur beschrieben.[66,68]

Obwohl die Existenz des Acyl-Komplexes mit einer 2,4,6-Tri-*tert*-butylphenyleinheit nicht eindeutig nachgewiesen werden konnte, wurde das Produkt aus der Umsetzung von **47** mit Mo(CO)$_6$ weiter verwendet. Der Feststoff wurde in DCM vorgelegt und bei −80 °C mit Oxalylbromid versetzt. Die entstandene Suspension wurde bei tiefen Temperaturen filtriert, wobei eine große Menge Feststoff auf der Fritte zurückblieb. Nach Zugabe von DME und Brom zur gefilterten Lösung wurde diese einige Stunden bei Raumtemperatur gerührt. Durch Entfernen des Lösungsmittels im Vakuum wurde ein dunkelgrüner Feststoff erhalten, dessen Struktur über NMR-spektroskopische Messungen aufgeklärt werden sollte. Es wurden jedoch im ^{1}H-NMR-Spektrum lediglich zwei Singuletts bei $\delta = 3.78$ und 3.63 ppm mit einem Intensitätsverhältnis von 1:1.5 detektiert. Kristallisationsansätze mit verschiedenen Lösungsmitteln und unterschiedlichen Methoden führten nicht zu messbaren Kristallen. Da die Synthese des Tribromo-2,4,6-tri-*tert*-butylbenzylidin-Komplexes nicht erfolgreich war, kann angenommen werden, dass der Acyl-Komplex **48** nicht gebildet wurde bzw. sehr instabil ist.

2.3   Molybdän(2,4,6-trimethyl)benzylidin-Komplex

In den vorangegangenen Abschnitten wurde gezeigt, dass die Variation des Arylrests an der Mo≡C-Dreifachbindung nicht zu den erwarteten Ergebnissen führt. Im Falle des 2,4,6-Triisopropylbenzylidins ergab sich keine gesteigerte Luftstabilität und für 2,4,6-Tri-*tert*-butylbenzylidin stellte sich die Synthese der Ausgangsverbindungen als überaus schwierig heraus. Aus diesem Grund sollte im Rahmen dieser Arbeit eine Modifikation der Liganden am bereits bekannten 2,4,6-Trimetylbenzylidin-System (Mesitylidin-System) vorgenommen werden. Der Mesitylidinligand hat sich wie in Abschnitt 1.3.4 beschrieben in der Vergangenheit als geeignete Einheit bei der Synthese aktiver Katalysatoren bewährt. Für die Herstellung neuer Katalysatorsysteme mussten zunächst die Ausgangsverbindungen über bekannte Syntheserouten dargestellt werden. Ausgehend vom Tribromomesitylidin-Komplex konnten anschließend entsprechende Liganden an den Komplex angebaut werden. Die Synthese von zwei neuen Mesitylidin-Komplexen und katalytische Studien zu einem Komplex werden in den folgenden Abschnitten beschrieben.

2.3.1   *Synthese der Ausgangsverbindungen*

Die Synthese von Mesitylidin-Komplexen über die „Low-Oxidation-State"-Route wurde bereits eingehend studiert und optimiert, weswegen für die Ausgangsverbindungen die veröffentlichten Routen verwendet wurden.[58] Mesityllithium wurde *in situ* in Diethylether aus Bromomesitylen und zwei Äquivalenten *n*-BuLi erzeugt und zu einer Suspension aus Mo(CO)$_6$ in Diethylether gegeben (Schema 34). Anschließend wurde mit NMe$_4$Br in wässriger Lösung ein Kationenaustausch vorgenommen. Der hellgelbe Acyl-Komplex **50** wurde NMR-spektroskopisch charakterisiert.

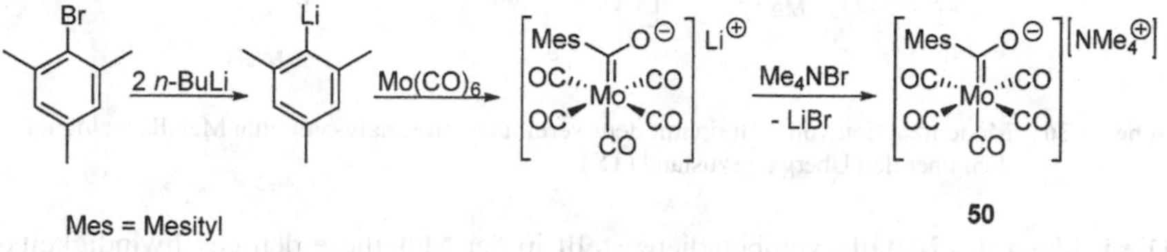

Mes = Mesityl

Schema 34: Bekannte Syntheseroute des Acyl-Komplexes **50**.

Im nächsten Schritt wurde die Dreifachbindung zum Molybdän mit Hilfe von Oxalylbromid bei −80 °C erzeugt (Schema 35). Das ausgefallene NMe$_4$Br wurde bei tiefen Temperaturen durch Filtration entfernt und das Filtrat mit DME und Brom versetzt. Nach der Aufarbeitung wurde der orangerote Tribromomesitylidin-Komplex **51** mit einer Ausbeute von 60% erhalten. Die Charakterisierung des Produkts erfolgte über NMR-spektroskopische Messungen.

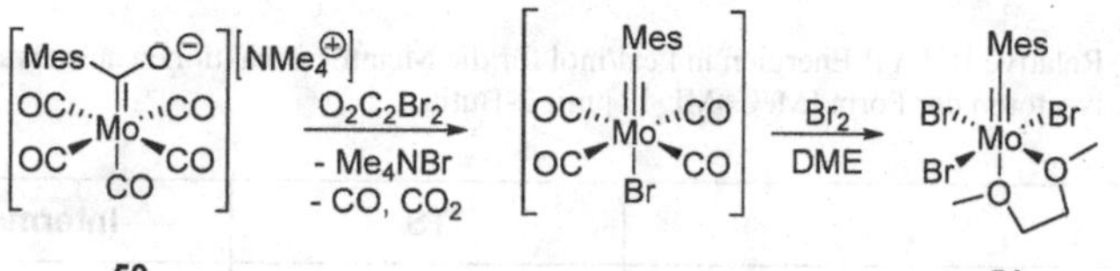

Schema 35: Darstellung des Tribromomesitylidin-Komplexes **51**.

2.3.2 Theoretische Berechnungen zur katalytischen Aktivität von Alkylidin Komplexen

Wie im einleitenden Teil beschrieben, wurden von M. TAMM et al. in der Vergangenheit theoretische Berechnungen zur katalytischen Aktivität verschiedener Alkylidin-Komplexe vorgenommen.[31,69] Hierbei wurden Einflüsse unterschiedlicher Alkoxid- und Iminatoliganden auf die Metatheseaktivität vom vereinfachten [MeC≡ML$_2$L']-Katalysator (M = W, Mo) auf 3-Butin untersucht. Auf der Grundlage des KATZ-Mechanismus, der eine [2+2]-Cycloaddition und Reversion beinhaltet, wurden alle relevanten stationären Punkte der Katalyse charakterisiert. Hierzu gehören die alleinstehenden Ausgangsstoffe, der Übergangszustand (TS) und der Metallacyclobutadien-Komplex (MCB) (Schema 36). Mit Methoden der statistischen Thermodynamik, die im Gaussian03-Programmpaket integriert sind, wurden die enthalpischen und entropischen Beiträge berechnet.

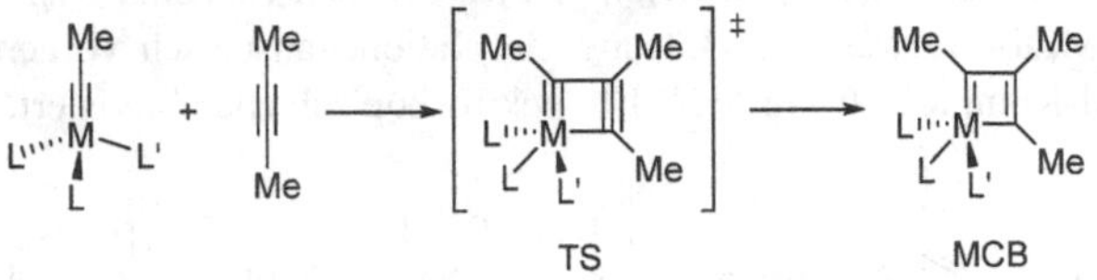

TS   MCB

Schema 36: Modellreaktion von 2-Butin mit dem vereinfachten Katalysator zum Metallacyclobuta-
                 dien über den Übergangszustand (TS).

Die Bildung des Metallacyclobutadiens stellt in der Metathese den geschwindigkeits-
bestimmenden Schritt dar, weswegen die berechneten Energien für die Beurteilung der
katalytischen Aktivität herangezogen werden können. Es wurden sowohl Komplexe
des SCHROCK-Typs wie [MeC≡M{OCMe(CF$_3$)$_2$}$_3$] berechnet, die ausschließlich Alkoxidliganden besitzen, als auch Katalysatoren mit der „Push-Pull"-Kombination nach
der Designstrategie von M. TAMM. Ein vollständiger Katalysezyklus beinhaltet weiterhin die Umlagerung des Metallacyclobutadiens. Da dieser Schritt eine wesentlich geringere Energiebarriere hat, wurde dieser Übergangszustand nicht bestimmt. Des Weiteren wurde eine mögliche Intermediatsbildung nicht berücksichtigt. In der nachfol-
genden Tabelle sind die Energien für ausgewählte Katalysatoren angegeben.

Tabelle 1: Relative B3LYP-Energien in kcal/mol für die Metathesereaktionen ausgewählter Kata-
               lysatoren der Form [MeC≡ML$_2$L'] mit 2-Butin.

				TS			Intermediat		
Metall		L	L'	$\Delta E_0^{\ddagger}$	$\Delta H_{298}^{\ddagger}$	$\Delta G_{298}^{\ddagger}$	ΔE_0	ΔH_{298}	ΔG_{298}
A	W	OCMe$_3$	OCMe$_3$	17.26	16.63	32.92	6.31	5.51	21.00
B	W	OCMe(CF$_3$)$_2$	Me$_3$PN	8.25	7.58	23.66	−3.39	−4.36	13.19
C	Mo	OCMe(CF$_3$)$_2$	OCMe(CF$_3$)$_2$	7.18	6.29	24.44	1.42	0.57	18.00
D	Mo	OCMe(CF$_3$)$_2$	NIm^{t}Bu	15.24	14.49	30.10	5.39	4.54	19.98
E	Mo	OC(CF$_3$)$_3$	OC(CF$_3$)$_3$	5.14	4.28	21.98	−2.19	−3.26	15.38
F	Mo	OC(CF$_3$)$_3$	NIm^{t}Bu	8.55	7.82	24.08	−3.45	−4.11	11.22

ΔE_0: relative Energie bei 0 K, ΔH_{298}: Enthalpie bei 298 K, ΔG_{298}: freie Gibbs-Energie bei 298 K; alle
Werte sind relativ zu den Ausgangsstoffen Katalysator und 2-Butin angegeben.

Die berechneten Werte für die einzelnen Katalysatorsysteme stehen im Einklang mit den experimentell erhaltenen Ergebnissen. Der klassische SCHROCK-Katalysator des Typs **A** weist laut Rechnungen eine relativ hohe freie Aktivierungsenergie von 32.9 kcal/mol und zeigte auch in Experimenten im Vergleich zu modernen Katalysatoren nur eine mäßige Aktivität. Katalysator **D**, der dem TAMM-System entspricht, hat dagegen eine geringere Aktivierungsbarriere, was sich in einer erhöhten Metatheseaktivität widerspiegelt. Der Austausch des elektronendonierenden NIm^{t}Bu-Liganden gegen OCMe(CF$_3$)$_2$$^-$ führt zu einer weiteren Absenkung der Barriere. In praktischen Versuchen konnte durch Anwendung des Systems **C** der erste Katalysator hergestellt werden, der in der Lage war, terminale Alkine in der Metathese umzusetzen. Gleichzeitig wird anhand der leicht exothermen Enthalpien ΔH_{298} der Intermediate der Komplexe **A**, **C** und **D** deutlich, dass die Metallacyclobutadiene nicht energetisch stabilisiert und somit weiterhin reaktiv sind. Weiterhin zeigte auch der Wolfram-Katalysator [^{t}BuC≡W(NPCy$_3$){OCMe(CF$_3$)$_2$}$_2$] (Cy = Cyclohexyl), der dem Typ **B** entspricht, trotz der leicht negativen Enthalpie ΔH_{298} des Metallacyclobutadiens eine gute katalytische Aktivität.[71] Im Vergleich zum erwiesenermaßen hochaktiven Molybdänkatalysator des Typs **C** besitzen auch die bis heute nicht realisierten Verbindungen **E** und **F** ähnlich niedrige Aktivierungsenergien. Sie scheinen demnach potentiell aktive Katalysatoren für die Alkinmetathese zu sein. Aus diesem Grund war es Ziel dieser Arbeit, die theoretisch aktiven Molybdänverbindungen herzustellen und auf ihre tatsächliche Reaktivität zu testen. Auch die Erschließung der Einsatzgebiete dieser Katalysatorsysteme gehörte zu den Aufgaben.

2.3.3   Darstellung des Tris(nonafluoro-tert-butoxy)-Komplexes

Um die berechnete Aktivität des Molybdän-Komplexes **E** experimentell zu überprüfen, musste er zunächst synthetisch zugänglich gemacht werden. Von B. HABERLAG wurde bereits die Umsetzung des Tribromomesitylidin-Komplexes **51** mit KOC(CF$_3$)$_3$ in THF beschrieben.[70] Hierbei wurde das THF-Addukt **52** erhalten, das sich als inaktiv in der Metathese herausstellte. Aus diesem Grund sollte die Synthese des lösungsmittelfreien Komplexes angestrebt werden. Zunächst wurde das THF-Addukt **52** nach bekannter Route synthetisiert (Schema 37). Der Tribromo-Komplex **51** wurde hierfür vorgelegt und mit einer Suspension aus KOC(CF$_3$)$_3$ in THF versetzt. Nach Aufarbeitung und Kristallisation aus Pentan wurde **52** als hellgrüner Feststoff erhalten. Das Produkt wurde NMR-spektroskopisch charakterisiert, wobei aufgrund der geringen Löslichkeit kein ausreichend aufgelöstes ^{13}C-NMR-Spektrum erhalten werden konnte.

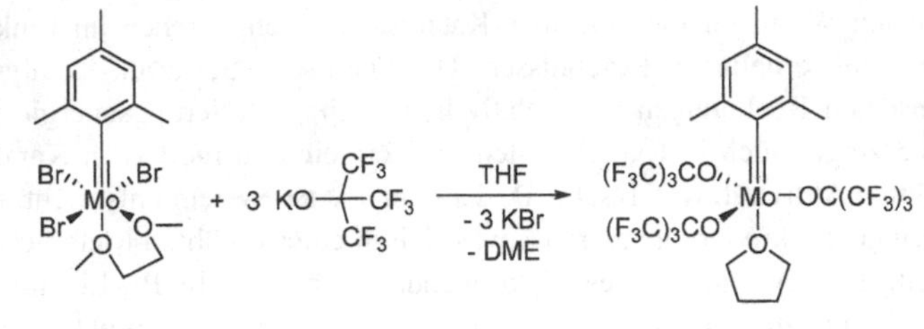

51   **52**

Schema 37:   Bekannte Synthese des THF-stabilisierten Mesitylidin-Komplexes **52**.

Im ^{1}H-NMR-Spektrum werden neben den charakteristischen Signalen für die Protonen der Mesityleinheit noch zwei weitere Resonanzen bei $\delta = 1.21$ und 3.72 ppm erhalten, die einem koordinierten THF-Molekül zugeordnet werden können. Im ^{19}F-NMR-Spektrum wird nur ein Signal bei $\delta = -72.3$ ppm erhalten, was auf eine C_{3v}-Symmetrie schließen lässt. Im Folgenden wurde angestrebt, das koordinierte Lösungsmittel vom Komplex zu entfernen. Dies sollte durch mehrmaliges Lösen des Komplexes **52** und anschließendes Entfernen des Lösungsmittels im Vakuum geschehen. Sowohl für Pentan als auch für Toluol stellte sich dieser Ansatz als erfolglos heraus. Erhöhte Temperaturen konnten aufgrund der beschriebenen Empfindlichkeit nicht eingesetzt werden.

Da ein zunächst koordiniertes Lösungsmittelmolekül scheinbar schwierig zu entfernen ist, wurde als nächstes ein THF-freier Ansatz gewählt, obwohl KOC(CF$_3$)$_3$ vor allem in THF gut löslich ist. Der Tribromo-Komplex **51** und der Ligand wurden in Toluol suspendiert und vier Tage bei Raumtemperatur gerührt (Schema 38). Nach Extraktion des Rückstandes mit Pentan und Filtration der gesammelten Extrakte wurde ein roter Feststoff aus einer gesättigten Pentanlösung bei $-35\,^\circ$C auskristallisiert.

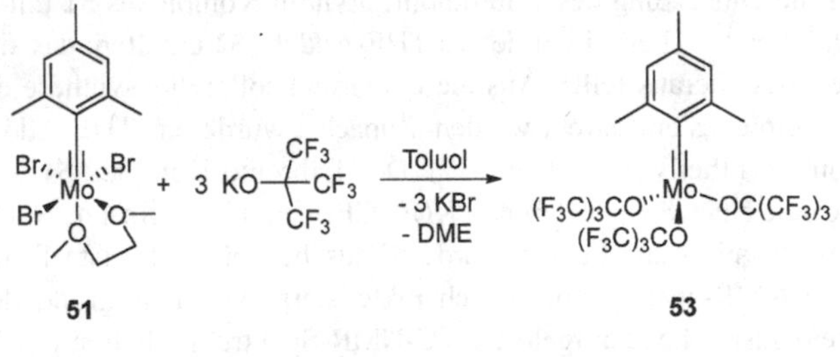

51   **53**

Schema 38:   Synthese des lösungsmittelfreien Mesitylidin-Komplexes **53**.

NMR-spektroskopische Untersuchungen des kristallinen Feststoffs bestätigen die Koordination der Nonafluoro-*tert*-butoxid-Liganden. Im ^{1}H-NMR-Spektrum werden ausschließlich die charakteristischen Signale der Methylgruppen und der CH-Protonen des Mesitylrests erhalten. Im Vergleich zu **51** sind die Signale der Protonen leicht hochfeldverschoben. Die Signale der Methylgruppen werden bei $\delta = 2.50$ und 2.33 ppm detektiert und die der *meta*-CH-Protonen bei $\delta = 6.78$ ppm. Resonanzen eines stabilisierenden DME-Moleküls werden nicht mehr beobachtet. Im ^{13}C-NMR-Spektrum wird wie erwartet eine Verschiebung der Resonanz des Alkylidin-Kohlenstoffs ins höhere Feld von $\delta = 340.6$ beim Tribromo-Komplex **51** zu $\delta = 332.7$ ppm sichtbar. Das Quartett für die CF$_3$-Gruppen erscheint im ^{13}C-NMR-Spektrum bei $\delta = 120.7$ ppm mit einer $^1J_{CF}$-Kopplung von 293 Hz. Das ^{19}F-NMR-Spektrum weist ein Singulett bei $\delta = -73.7$ ppm auf, was darauf schließen lässt, dass der Komplex in Lösung C_{3v}-Symmetrie besitzt. Die Existenz des Komplexes **53** wurde ebenfalls mittels Röntgenstrukturanalyse eines geeigneten Einkristalls nachgewiesen. Die ORTEP-Darstellung von **53** ist in Abbildung 7 dargestellt.

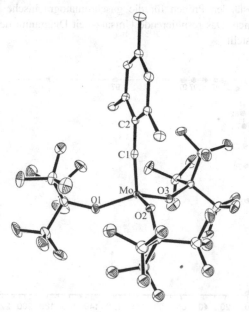

Abbildung 7:　Darstellung der Molekülstruktur von **53** ohne Wasserstoffatome (50% Aufenthalts-wahrscheinlichkeit). Ausgewählte Bindungslängen [Å] und Winkel [°]: Mo-C1 1.7429(16), Mo-O1 1.9068(11), Mo-O2 1.9307(11), Mo-O3 1.9008(11); O1-Mo-O 113.03(5), O2-Mo-O3 114.35(5), O1-Mo-O3 116.58(6), C1-Mo-O1 116.15(6), C1-Mo-O2 96.18(6), C1-Mo-O3 107.99(6), C2-C1-Mo 173.86(13).

Für den Molybdän-Komplex, der in der monoklinen Raumgruppe $P2_1/c$ kristallisiert, ergibt sich eine verzerrt tetraedrische Geometrie. Die Winkel der Liganden um das Molybdänatom variieren von 96.18(6) bis 116.58(6)° und weichen somit vom idealen Tetraederwinkel von 109.5° ab. Die Mo≡C-Bindungslänge von 1.7429(16) Å liegt im

Bereich vergleichbarer Alkylidin-Komplexe und die C2-C1-Mo-Bindungsachse ist mit 173.86(13)° annähernd linear.[6]

2.3.4 Studien zur Aktivität des Tris(nonafluoro-tert-butoxy)-Molybdän-Komplexes

Wie in Tabelle 1 dargestellt, ergibt sich für den Nonafluoro-*tert*-butoxy-Molyb-dän-Komplex **E** eine theoretische Aktivierungsenergie von 21.98 kcal/mol für den Übergangszustand. Sie sollte somit sogar noch unterhalb der Aktivierungsbarriere des erwiesenermaßen hoch aktiven Katalysators [MesC≡Mo{OCMe(CF₃)₂}₃] **33** liegen. Um die theoretischen Werte experimentell zu bestätigen, wurde zunächst die Aktivität von **53** am 3-Pentinylether **40** überprüft. Das Substrat und 1 mol% **53** wurden in An-wesenheit von Molekularsieb in Toluol gerührt und dem Reaktionsgemisch wurden in bestimmten Zeitabständen Proben für die gaschromatographische Bestimmung des Umsatzes entnommen. Das resultierende Umsatz-Zeit-Diagramm des Substrats ist in Abbildung **8** dargestellt.

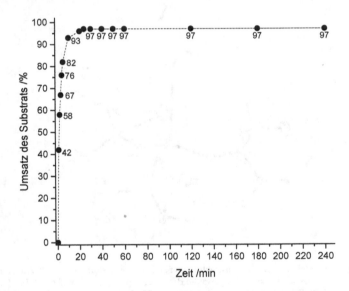

Abbildung 8:   Umsatz-Zeit-Diagramm des Substrats **40** mit Katalysator **53** (1 mol%) bei Raumtem-peratur und Anwesenheit von Molekularsieb 5 Å.

In Abbildung **8** wird deutlich, dass die Substratkonzentration in den ersten Minuten weniger schnell abnahm als beim Tris(hexafluoro-*tert*-butoxy)-Katalysator **33**. Nichts-destotrotz wurden nach 10 Minuten schon über 90% des Eduktes umgesetzt. Der Um-satz des Alkins ist allgemein etwas geringer ist als bei **33**. Dies könnte an der erhöhten

Elektrophilie des Metalls durch die perfluorierten Alkoxide und der damit einhergehenden leichten Stabilisierung des Metallacyclobutadiens von -3.26 kcal/mol liegen.

Die gaschromatographische Untersuchung der Metathese mit **53** zeigte für die terminalen Alkine im Fall vom 3-Butinylether **41** nur einen Umsatz der Ausgangsverbindung von 10% und für den Alkinylester **43** keinen Umsatz. Eine erhöhte Katalysatorkonzentration von 2 mol% führte ebenfalls nicht zu einer Umsatzzunahme. Der Nonafluoro-*tert*-butoxy-Katalysator eignet sich demnach nicht für die Metathese terminaler Alkine.

Wie in Abschnitt 1.3.4 beschrieben, kommt es bei Katalysatoren, die ungeeignet für die terminale Alkinmetathese sind, zur Bildung von Deprotiometallacyclobutadienen. Aus diesem Grund sollte versucht werden, das Intermediat der Deaktivierung von Katalysator **53** mit einem terminalen Alkin zu isolieren. Deprotonierte Metallacyclen konnten in der Vergangenheit mehrfach durch Donorliganden abgefangen werden. Daher wurde Katalysator **53** mit dem terminalen Substrat **41** und dem Donorliganden 2,2'-Bipyridin (bipy) versetzt (Schema 39). Bei der Zugabe von 2,2'-Bipyridin kam es sofort zu einer Verfärbung des Reaktionsgemisches von dunkelrot zu violett.

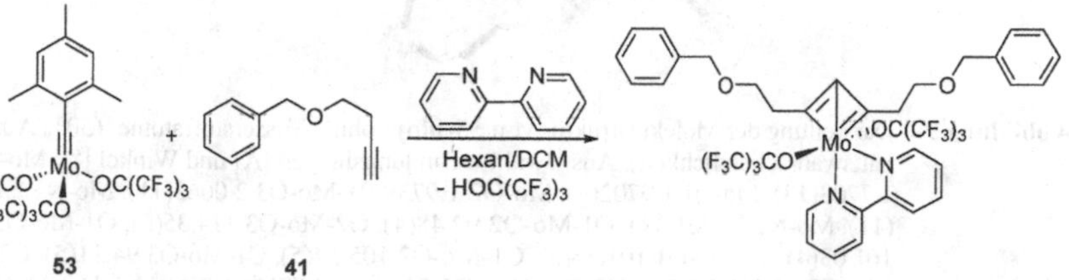

Schema 39: Angestrebte Isolierung des Deprotiometallacyclobutadiens.

Nach Kühlen der Hexan-DCM-Lösung auf −35 °C wurden nach mehreren Tagen violette Kristalle erhalten, die für eine röntgenographische Untersuchung geeignet waren. Hierbei stellte sich heraus, dass es sich bei der auskristallisierten Verbindung um den durch 2,2'-Bipyridin stabilisierten Katalysator **53** handelt, dessen Kristallstruktur in Abbildung 9 dargestellt ist.

Für den Molybdän-Komplex **53(bipy)**, der in der monoklinen Raumgruppe $P2_1/n$ kristallisiert, ergibt sich eine annähernd oktaedrische Koordinationsgeometrie um das Metallzentrum. Die Alkoxidliganden sind meridional (mer) angeordnet und die Stickstoffatome des 2,2'-Bipyridins haben Abstände zum Molybdänatom von 2.2248(11) bzw. 2.3701(11) Å. Die Mo≡C-Bindungslänge ist mit 1.7703(13) Å etwas länger als im donorfreien Komplex **53** und auch die Alkoxidliganden haben einen größeren Abstand zum Metall.

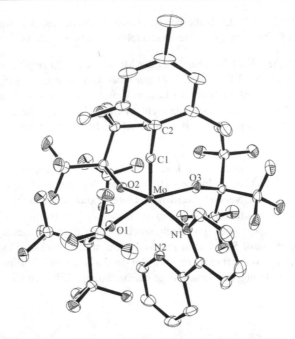

Abbildung 9:   Darstellung der Molekülstruktur von **53(bipy)** ohne Wasserstoffatome (50% Aufenthaltswahrscheinlichkeit). Ausgewählte Bindungslängen [Å] und Winkel [°]: Mo-C1 1.7703(13), Mo-O1 1.9702(9), Mo-O2 1.9739(9), Mo-O3 2.0063(11), Mo-N1 2.2248 (11), Mo-N2 2.3701(11); O1-Mo-O2 92.48(4), O2-Mo-O3 114.35(5), O1-Mo-O3 161.03(4), C1-Mo-O1 101.56(5), C1-Mo-O2 105.34(5), C1-Mo-O3 94.11(5), C2-C1-Mo 172.67(10), N1-Mo-N2 71.27(4), O1-Mo-N1 84.73(4), O2-Mo-N1 160.73(40), O3-Mo-N1 83.59(4), O1-Mo-N2 77.70(4), O2-Mo-N2 89.50(4), O3-Mo-N2 84.41(4).

Um die Reaktivität von **53** weiter zu erforschen, wurde auch das katalytische Potential gegenüber konjugierten Diinen untersucht. Wie im einleitenden Teil beschrieben, wurde die Diinmetathese erstmals von M. TAMM und Mitarbeitern beschrieben, die statt der erwarteten Triine zwei neue symmetrische Diine erhielten.[59] Erstaunlicherweise wurde bei der angestrebten Kreuzmetathese von 1,4-Diphenyl-1,3-diin **54** und Dodeca-5,7-diin **55** am Katalysator **53** keine selektive Bildung neuer Diine beobachtet (Schema 40).

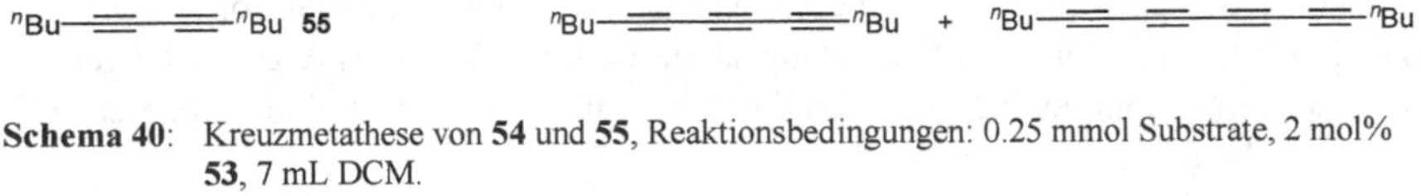

Ph——≡——≡——Ph **54**   Ph——≡—Ph + Ph——≡—^{n}Bu + Ph——≡——≡——^{n}Bu

+   2 mol% **53**

^{n}Bu——≡——≡——^{n}Bu **55** ^{n}Bu——≡——≡——≡——^{n}Bu + ^{n}Bu——≡——≡——≡——≡——^{n}Bu

Schema 40:   Kreuzmetathese von **54** und **55**, Reaktionsbedingungen: 0.25 mmol Substrate, 2 mol% **53**, 7 mL DCM.

Die in Schema 40 dargestellte Reaktion wurde mit 2 mol% **53** in DCM bei Raumtemperatur durchgeführt und die Zunahme des Substratverbrauchs wurde gaschromatographisch verfolgt. Für Diinmetathesen dieser Art hat sich in der Vergangenheit die Katalysatormenge von 2 mol% bewährt, weswegen sie auch für dieses Experiment gewählt wurde.[59] Entgegen der Erwartung wurde neben dem Kreuzprodukt $PhC\equiv C\text{-}C\equiv C^n Bu$ noch eine Reihe unterschiedlicher Produkte im Gaschromatographen detektiert. Durch Gaschromatographie mit anschließender Massenspektrometrie (GC/MS) konnten die Signale den einzelnen Verbindungen zugeordnet werden. Schon nach kurzer Zeit waren große Mengen der eingesetzten Substrate hauptsächlich zum Monoin $PhC\equiv C^n Bu$, dem Kreuzprodukt $PhC\equiv C\text{-}C\equiv C^n Bu$ und dem Triin $^n BuC\equiv C\text{-}C\equiv C\text{-}C\equiv C^n Bu$ umgesetzt worden. Die Verläufe der Substratumsätze ist in Abbildung 10 dargestellt. Nach zwei Minuten waren schon 80% des Dodecadiins **55** verbraucht und ab diesem Zeitpunkt wurde für dieses Substrat keine weitere Zunahme des Umsatzes mehr erfasst. Das Diphenyldiin **54** wurde dagegen etwas langsamer umgesetzt. Nach 20 Minuten und einem 88%igem Umsatz konnte jedoch auch bei dem Substrat **54** keine Umsatzzunahme mehr beobachtet werden. Zu diesem Zeitpunkt enthielt das Produktgemisch große Mengen des Triins $^n BuC\equiv C\text{-}C\equiv C\text{-}C\equiv C^n Bu$ und sogar des Tetrains $^n BuC\equiv C\text{-}C\equiv C\text{-}C\equiv C\text{-}C\equiv C^n Bu$. Auch nach 24 Stunden wurde keine zusätzliche Änderung der Substratmengen vernommen.

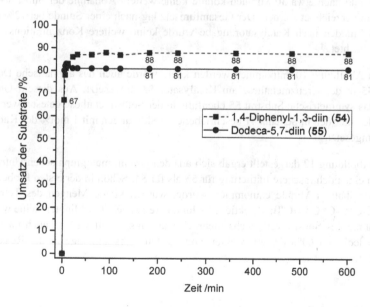

Abbildung 10: Umsatz-Zeit-Diagramm der Kreuzmetathese der Substrate **54** und **55** mit Katalysator **53** (2 mol%) bei Raumtemperatur in DCM.

Da sich am Katalysator **53** Diine scheinbar zu einem großen Anteil zu Triinen umsetzen, sollte im Folgenden die Selbstmetathese symmetrischer Substrate untersucht werden. Es wurde vermutet, dass das Substrat selektiv zum Triin und Monoin umgesetzt wird. Zunächst wurde das schon zuvor verwendete Diphenyldiin **54** mit 1 mol% **53** in DCM umgesetzt und der Verlauf der Reaktion gaschromatographisch verfolgt (Schema 41).

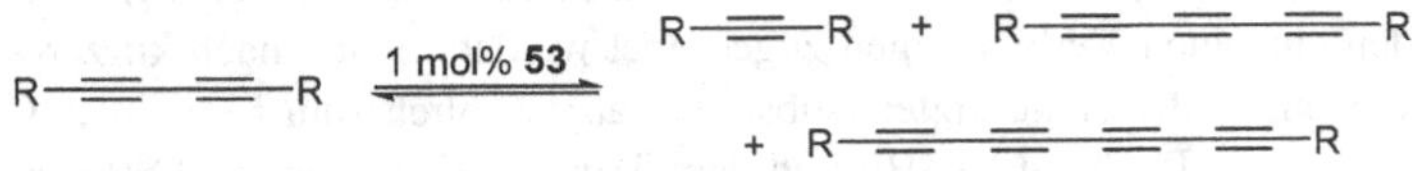

$$R-\!\!\!=\!\!\!-\!\!\!=\!\!\!-R \xrightarrow{\text{1 mol\% 53}} R-\!\!\!=\!\!\!-R \;+\; R-\!\!\!=\!\!\!-\!\!\!=\!\!\!-\!\!\!=\!\!\!-R$$
$$+\; R-\!\!\!=\!\!\!-\!\!\!=\!\!\!-\!\!\!=\!\!\!-\!\!\!=\!\!\!-R$$

54 R = Ph
55 R = ^{n}Bu

Schema 41:   Metathese von **54** (R = Ph) bzw. **55** (R = ^{n}Bu), 0.25 mmol Substrat, 1 mol% **53**, 7 mL DCM.

Wie in Abbildung 11 dargestellt konnte schon nach einer halben Minute ein geringer Umsatz des Substrats **54** zu Tolan und dem Triin PhC≡C-C≡C-C≡CPh verzeichnet werden. Ab etwa zwei Minuten wurde die Bildung des Tetrains PhC≡C-C≡C-C≡C-C≡CPh detektiert. In den ersten zwanzig Minuten stieg der Umsatz stetig an und nach etwa 30 Minuten konnte keine weitere Abnahme der Substratkonzentration verzeichnet werden. Der Gesamtumsatz lag nach einer Stunde bei 72% und auch 24 Stunden nach Katalysatorzugabe wurde keine weitere Konzentrationsänderung beobachtet.

Wie aus Abbildung 10 entnommen werden kann, wurde auch das aliphatische Dodecadiin **55** in der Kreuzmetathese am Katalysator **53** umgesetzt. Aus diesem Grund wurde das symmetrische Substrat **55** ebenfalls in der Selbstmetathese getestet werden. Es wurde unter den in Schema 41 beschriebenen Bedingungen mit 1 mol% des Katalysators umgesetzt.

Wie in Abbildung 12 dargestellt ergab sich aus den gaschromatographischen Untersuchungen eine noch raschere Initiierung für **55** als für **54**. Schon in der ersten Probe, die nach einer halben Minute entnommen wurde, wurden kleine Mengen des Tetrains ^{n}BuC≡C-C≡C-C≡C-C≡C^{n}Bu detektiert. Es fand bereits nach drei Minuten keine weitere Zunahme des Substratverbrauchs mehr statt und insgesamt wurden auch nach 24 Stunden lediglich 60% der zu Anfang eingesetzten Substratmenge in der Reaktion umgesetzt.

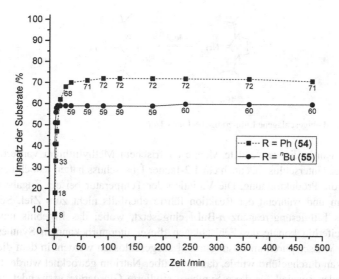

Abbildung 11: Umsatz-Zeit-Diagramme für die Metathesen von **54** (R = Ph, schwarz) bzw. **42** (R = ^{n}Bu, rot) mit Katalysator **53** (1 mol%) bei Raumtemperatur in DCM.

2.3.5 Koordination elektronendonierender Liganden ans Nonafluoro-tert-butoxy-System

Neben dem Tris(nonafluoro-*tert*-butoxy)-Komplex **53** war auch die Synthese eines Komplexes des Typs **F** aus Tabelle 1 im Fokus dieser Arbeit. Die in Abschnitt 2.3.3 beschriebenen Komplexe **52** und **53** stellen gute Ausgangsverbindungen für Komplexe mit einer „Push-Pull"-Situation am Metall dar. In der Vergangenheit hat sich der Imidazolin-2-iminato-Ligand, dessen Herstellung mehrfach von M. TAMM et al. in der Literatur beschrieben wurde, als geeigneter Elektronendonor erwiesen.[29,30] Für die Darstellung wurde das frisch sublimierte Imin **16a** in Hexan vorgelegt, bei −30 °C mit Methyllithium (MeLi) in Diethylether versetzt und einige Stunden gerührt (Schema 42). Der entstandene leicht gelbe Feststoff wurde abfiltriert, im Vakuum getrocknet und NMR-spektroskopisch untersucht. Hierbei zeigte sich, dass die lithiierte Spezies **17a** nicht erzeugt wurde. Es werden im ^{1}H-NMR-Spektrum Singuletts bei δ = 5.92, 4.56 und 1.40 ppm detektiert, die eindeutig dem Edukt zugeordnet werden können.[30] Darüber hinaus weist das Spektrum Multipletts in den Bereichen δ = 6.29–6.11 und 1.75–1.44 ppm auf. In den Bereichen des Spektrums, in denen die Multipletts detektiert werden, treten laut Literatur auch die Signale des gewünschten Produktes auf, weswegen eine Produktbildung nicht eindeutig nachgewiesen werden kann.[30] Um das Lithiumsalz **17a** zu erhalten, wurden im Folgenden die Reaktionsbedingungen verändert.

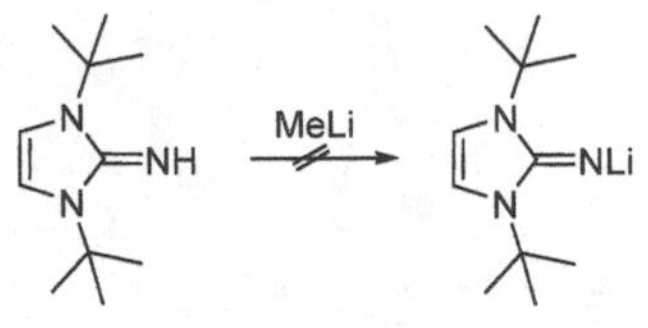

Schema 42:   Fehlgeschlagene Lithiierung des Imins **16a**.

Zunächst wurde die verwendete Menge an frischem Methyllithium variiert. Sowohl ein leichter Unterschluss als auch ein 1.2-facher Überschuss hatten jedoch keinen Einfluss auf die Produktbildung. Die Variation der Temperatur bei der Zugabe von Methyllithium und während der Reaktion führte ebenfalls nicht zum Ziel. Schließlich wurde als Lithiierungsreagenz n-BuLi eingesetzt, wobei das Ergebnis unverändert blieb. Weiterhin konnte das Fehlschlagen dieser literaturbekannten Synthese durch mögliche Wasserspuren im Lösungsmittel ausgeschlossen werden, in dem die Reaktion in Hexan durchgeführt wurde, das zuvor über Natrium getrocknet wurde. Des Weiteren wurden speziell für diese Synthese silylierte Glasgeräte verwendet, um einen Einfluss durch Protonen auf Oberfläche des Glases zu vermeiden.

Da alle beschriebenen Modifikationen der Synthese des Imidazolin-2-iminatos **17a** erfolglos blieben, wurde der Fokus auf den Phosphoraniminatoliganden verlagert, der ähnliche Donoreigenschaften aufweist und laut Rechnungen auch zu einem potentiell aktiven Katalysator führen könnte. Phosphanliganden der Form $R^1R^2R^3P$ gehören zu den am weitesten verbreiteten Liganden in der Organometallchemie.[72] Durch ihr variables Substitutionsmuster und ihre veränderbare Struktur stellen sie wandelbare Liganden dar, die sie für Übergangsmetall-katalysierte Transformationen wie die C,C-Bindungsknüpfung geeignet machen.[73] Das Iminatoderivat $R^1R^2R^3PN^-$ koordiniert ebenfalls sowohl an Hauptgruppenelemente als auch an Übergangsmetalle und seltene Erden.[74] Zwischen R_3PN^-, Imidazolin-2-iminato und Cp^- besteht eine Isolobalbeziehung, wodurch sich die Bindungscharakteristika der Liganden sehr ähneln.[75] Um die Eigenschaften des Phosphoraniminatoliganden auf Katalysatoren der Alkinmetathese näher untersuchen zu können, musste zunächst die Synthese ausgehend von Tricyclohexylphosphan (PCy_3) erfolgen. Werden Phosphane organischen Aziden ausgesetzt, reagieren sie unter Abspaltung von Stickstoff zu Phosphazenen.[76,77] Diese Reaktion wurde 1919 von H. STAUDINGER entdeckt und nach diesem benannt (Schema 43).[77]

$$R_3P + N_3R' \longrightarrow R_3P=N-N=N-R' \xrightarrow{-N_2} R_3P=N-R'$$

Schema 43:   Allgemeines Reaktionsschema der STAUDINGER-Reaktion.

Tricyclohexylphosphan **56** wurde nach literaturbekannter Methode in der Schmelze mit TMS-Azid versetzt und fünf Stunden bei 140 °C gerührt (Schema 44).[78] Nach Entfernen aller flüchtigen Komponenten im Vakuum wurde das N-silylierte Phosphoranimin **57** als weißer Feststoff mit einer Ausbeute von 94% erhalten. Die für die Protonen der Schutzgruppe charakteristischen Resonanzen werden im ^{1}H-NMR-Spektrum bei $\delta = 0.44$ ppm detektiert.

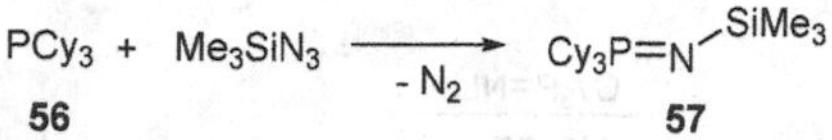

$$PCy_3 + Me_3SiN_3 \xrightarrow[- N_2]{} Cy_3P=N^{-SiMe_3}$$

56 **57**

Schema 44: Reaktion zum N-silylierten Phosphoranimin **57**.

Als nächstes erfolgte die Entfernung der Silylschutzgruppe mit Hilfe von Methanol. **57** wurde hierfür analog zur Entschützung des N-silylierten 2-Iminoimidazolins **15** ohne weitere Zusätze von Säure oder Base vier Stunden bei Raumtemperatur in Methanol gerührt (Schema 45).[30] Anschließend wurde das Lösungsmittel und das Nebenprodukt Me$_3$SiOMe im Hochvakuum entfernt und das Phosphoranimin **58** als weißes Pulver mit einer Ausbeute von 72% erhalten. Im ^{31}P-NMR-Spektrum wurde die Entschützung durch Verschiebung der Phosphorresonanz von $\delta = 17.6$ zu 40.1 ppm und Verschwinden des Signals für die Protonen der TMS-Gruppe im ^{1}H-NMR-Spektrum belegt.

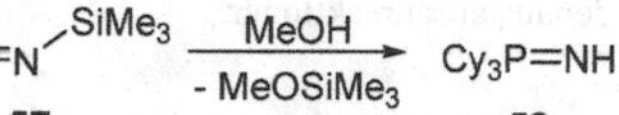

$$Cy_3P=N^{-SiMe_3} \xrightarrow[- MeOSiMe_3]{MeOH} Cy_3P=NH$$

57 **58**

Schema 45: Entschützung des N-silylierten Phosphoranimins **57** mit Hilfe von Methanol.

Die Umsetzung von **58** mit einem Äquivalent Methyllithium in Diethylether bei Raumtemperatur führte wie in Schema 46 dargestellt zur lithiierten Spezies **59** in annähernd quantitativen Ausbeuten. Im ^{1}H-NMR-Spektrum wird die Deprotonierung deutlich, da ausschließlich die Signale der Cyclohexylgruppen detektiert werden.

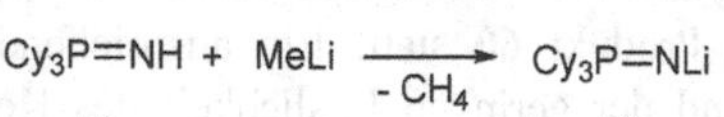

$$Cy_3P=NH + MeLi \xrightarrow[- CH_4]{} Cy_3P=NLi$$

58 **59**

Schema 46: Synthese des lithiierten Phosphoraniminatos **59**.

Für den Ligandenaustausch mit **59** wurden als Ausgangsverbindungen sowohl das THF-Addukt **52** als auch der THF freie Komplex **53** überprüft (Schema 47). Dazu wurden die Metallkomplexe jeweils in Toluol vorgelegt und mit in Toluol suspendiertem Lithiumsalz **59** versetzt. Die Reaktionsgemische wurden 14 Stunden bei Raumtemperatur gerührt, wobei sich in beiden Fällen eine rote Suspension bildete. Zur Aufarbeitung wurde das Lösungsmittel im Vakuum entfernt, der Rückstand in Diethylether aufgenommen und über eine Fritte filtriert. Durch Kühlen der gesättigten Diethyletherlösungen auf $-35\ °C$ wurden jeweils feine, rote Kristalle erhalten.

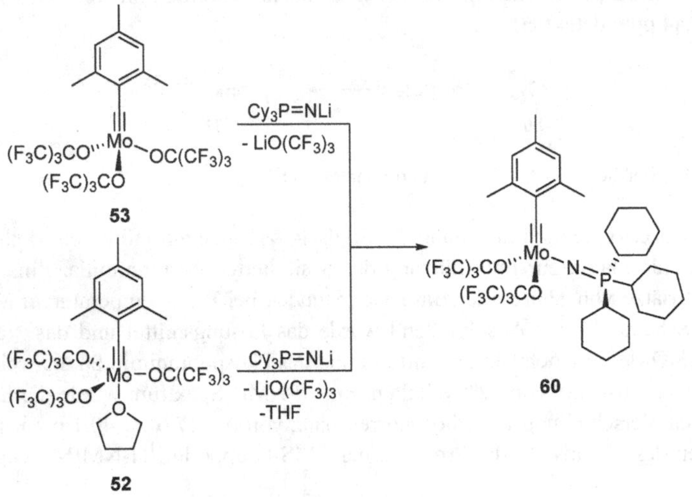

Schema 47:   Mögliche Ligandenaustauschreaktionen.

In NMR-spektroskopischen Untersuchungen zeigte sich, dass es sich bei beiden Reaktionsprodukten um die gleiche Verbindung handelt. Im ^{1}H-NMR-Spektrum wird im Resonanzbereich von $\delta = 1.99–0.99$ ppm ein Multiplett erhalten, das den 33 Protonen der Cyclohexylgruppen zugeordnet werden kann. Im Fall des THF-Adduktes **52** verschwinden außerdem die Signale der Protonen des THF-Liganden. Die erfolgreiche Substitution der Liganden zeigt sich auch im ^{19}F-NMR-Spektrum, in dem das Signal für die CF$_3$-Gruppen im Vergleich zu den beiden Edukten verschoben ist. Gleichzeitig findet eine Verschiebung des Phosphorsignals von $\delta = 37.7$ ppm im freien Liganden **59** zu $\delta = 49.0$ ppm im Produkt **60** statt. Ein ausreichend aufgelöstes ^{13}C-NMR-Spektrum konnte aufgrund der geringen Löslichkeit des Komplexes in organischen Lösungsmitteln bis jetzt nicht erhalten werden.

Ein geeigneter Einkristall von **60** wurde außerdem röntgenographisch untersucht. Die daraus resultierende Molekülstruktur bestätigt eindeutig den Austausch eines Alkoxid- gegen einen Phosphoraniminatoliganden. Die Molekülstruktur ist in nachfolgender Abbildung dargestellt.

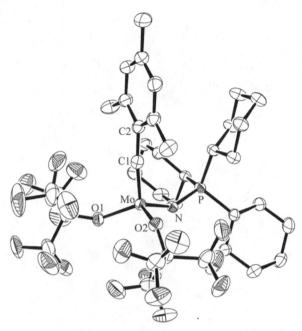

Abbildung 12: Darstellung der Molekülstruktur von **60** ohne Wasserstoffatome (50% Aufenthalts-
wahrscheinlichkeit). Ausgewählte Bindungslängen [Å] und Winkel [°]: Mo-C1 1.760
(2), Mo-O1 1.9628(14), Mo-O2 1.9815(14), Mo-N 1.8367(16), N-P 1.6186(16); O1-
Mo-O2 117.27(6), N-Mo-O1 110.33(6), N-Mo-O2 111.92(6), C1-Mo-O1 110.36(8),
C1-Mo-O2 97.58(7), C1-Mo-N 108.45(8), C2-C1-Mo 173.63(16), Mo-N-P 114.98
(10).

Auch für diesen Komplex, der in der monoklinen Raumgruppe $C2/c$ kristallisiert,
ergibt sich eine verzerrt tetraedrische Anordnung der Liganden um das Molybdänatom. Die Winkel der Liganden um das Metallzentrum liegen im Bereich von 97.58(7)
bis 117.27(6)°. Die Mo≡C-Bindungslänge ist mit 1.760(2) Å länger als im Tris(nona-
fluoro-*tert*-butoxy)-Komplex **53** und die C2-C1-Mo-Bindungsachse ist annähernd linear (173.63(16)°). Der Mo-N-Abstand ist mit 1.8367(16) Å vergleichbar mit dem
Abstand vom Imidazolin-2-iminato-Liganden zum Molybdän im Komplex
[MesC≡Mo(NIm^{t}Bu){OCMe(CF$_3$)}$_2$], der 1.8494(12) Å beträgt.[31] Dies zeigt, dass der
Phosphoraniminato- und der Imidazolin-2-iminato-Ligand ähnlich stark mit dem Metall wechselwirken. Der kurze Mo-N-Abstand deutet außerdem auf einen Doppelbin-
dungscharakter dieser Bindung hin.[74] Der Mo-N-P-Winkel beträgt 114.98(10)° und
ist damit deutlich spitzer als der Winkel im vergleichbaren [^{t}BuC≡W(NPCy$_3$)
{OCMe(CF$_3$)$_2$}$_2$]-Komplex von X. Wu, bei dem der W-N-P-Winkel 153.21(12)° beträgt.[71]

3 Zusammenfassung und Ausblick

Anfänglich war das Ziel dieser Arbeit die Synthese eines Molybdän-Komplexes mit einem sterisch anspruchsvollen Benzylidinliganden, um die Luft- und Feuchtigkeits-empfindlichkeit der Katalysatoren der Alkinmetathese zu reduzieren. Zunächst wurde zu diesem Zweck der Molybdän-2,4,6-triisopropylbenzylidin-Komplex **39** hergestellt, für den die „Low-Oxidation-State"-Route in einer modifizierten Weise angewendet werden musste. Der im ersten Schritt der Synthese gewonnene Pentacarbonylme-tallacyl-Komplex wird in der Regel durch einen Kationenaustausch mit NMe$_4$Br stabi-lisiert. Für den 2,4,6-Triisopropylrest konnte jedoch gezeigt werden, dass das Lithium-salz des Acyl-Komplexes isoliert werden kann. Ausgehend vom Lithiumsalz **36** wurde wie in Schema 48 dargestellt über die etablierte Syntheseroute schließlich der Tris(hexafluoro-*tert*-butoxy)-Komplex **39** erhalten.

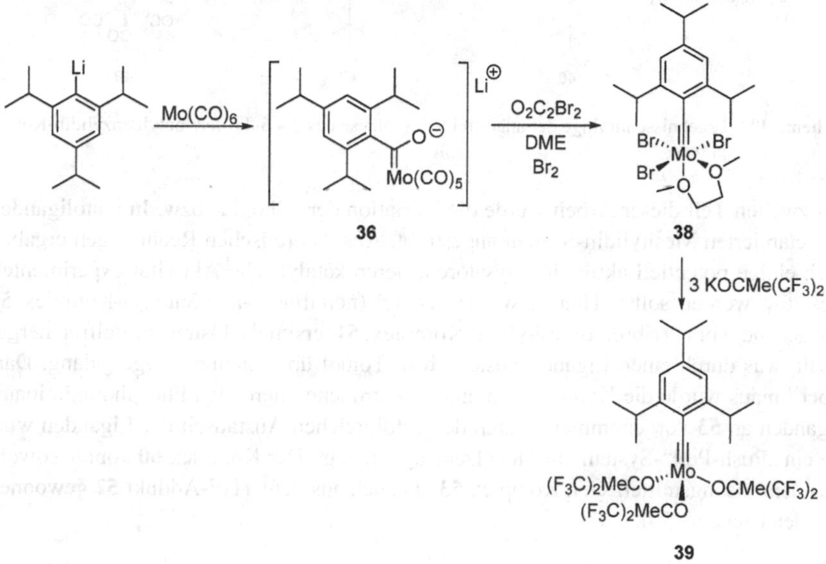

Schema 48: Zusammengefasste Synthese des Molybdän(2,4,6-triisopropyl)benzylidin-Komple-xes **39**.

Die katalytische Aktivität des Katalysators wurde anfangs unter Schutzgasatmosphäre an Standardsubstraten getestet. Im Vergleich zu dem katalytisch hoch aktiven Kataly-sator [MesC≡Mo{OCMe(CF$_3$)$_2$}$_3$] **33** ergab sich für **39** eine etwas abgeschwächte Ak-tivität gegenüber den getesteten Substraten. Bei Versuchen zur Stabilität wurde gezeigt, dass selbst bei einer kurzen Exposition des Katalysators an Luft kein Umsatz mehr verzeichnet werden kann.

Danach sollte der sterische Anspruch durch *tert*-Butylgruppen am Benzylidinliganden weiter erhöht werden. Hierfür wurden die Ausgangsverbindungen 1-Brom-2,4,6-tri-*tert*-butylbenzol **46** und 2,4,6-Tri-*tert*-butylphenyllithium **47** nach literaturbekannten Methoden erfolgreich synthetisiert (Schema 49). Bei der Umsetzung von **47** mit Mo(CO)$_6$ konnte neben einer unbekannten Substanz hauptsächlich der η^6-Komplex **49** isoliert werden. Es wurde demnach gezeigt, dass die Synthese eines 2,4,6-Tri-*tert*-butylbenzylidin-Katalysators auf die dargestellte Weise nicht gelingt. Als möglicher Grund kann die sterische Überfrachtung im gewünschten Molekül durch die *tert*-Butylgruppen aufgeführt werden.

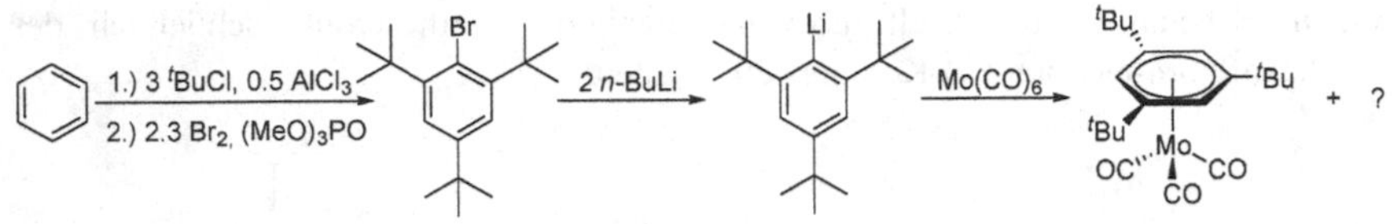

Schema 49:   Ergebnisse im Zuge der angestrebten Synthese des 2,4,6-Tri-*tert*-butylbenzylidin-Komplexes.

Im zweiten Teil dieser Arbeit wurde die Variation der Alkoxid- bzw. Iminatoliganden am etablierten Mesitylidin-System angestrebt. Aus theoretischen Rechnungen ergaben sich einige potentiell aktive Katalysatoren, deren katalytische Aktivität experimentell bestätigt werden sollte. Hierfür wurde der Tris(nonafluoro-*tert*-butoxy)-Komplex **53** ausgehend vom Tribromomesitylidin-Komplex **51** erstmals lösungsmittelfrei hergestellt, was durch einen Ligandenaustausch in Toluol über mehrere Tage gelang. Darüber hinaus wurde die Koordination eines elektronendonierenden Phosphoraniminatoliganden an **53** vorgenommen. Durch den erfolgreichen Austausch der Liganden wurde ein „Push-Pull"-System am Metallzentrum erzeugt. Der Komplex **60** konnte sowohl aus dem lösungsmittelfreien Komplex **53** als auch aus dem THF-Addukt **52** gewonnen werden (Schema 50).

Des Weiteren wurde im Rahmen der vorliegenden Arbeit der lösungsmittelfreie Komplex **53** in der Katalyse getestet. Hierfür wurden verschiedene Modellsubstrate eingesetzt, wobei sich der Katalysator als inaktiv gegenüber terminalen Alkinen herausstellte.

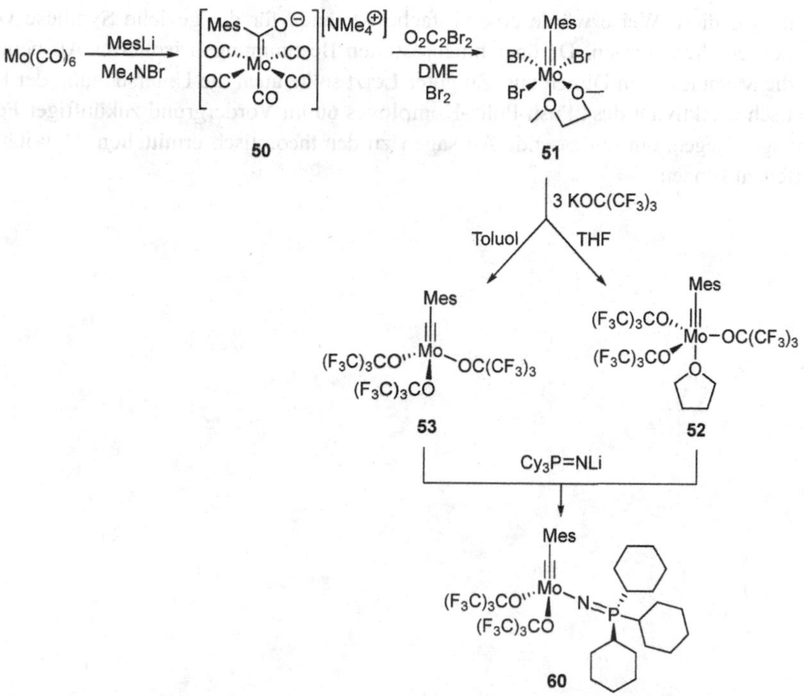

Schema 50: Zusammenfassung der durchgeführten Synthesen mit dem Mesitylidin-System.

Zur weiteren Untersuchung der Reaktivität wurde die Aktivität des Katalysators **53** gegenüber verschiedenen Diinen untersucht. Hierbei zeigte sich, dass symmetrische Diine bei der Homodimerisierung hauptsächlich zu Triinen, Monoinen und einer kleinen Menge Tetrain metathetisiert werden.

Zusammenfassend konnte gezeigt werden, dass sich der Ansatz, die Stabilität von Katalysatoren der Alkinmetathese durch sterisch anspruchsvolle Benzylidinliganden zu erhöhen, als wenig erfolgsversprechend herausstellte. Für das zukünftige Design neuer Katalysatoren ist die Entwicklung einer neuen Strategie in Bezug auf eine mögliche Luftstabilität demnach von großer Bedeutung. Die Variation der Alkoxid- und Iminatoliganden des Molybdänmesitylidin-Systems konnte problemlos erfolgen. Der Tris(nonafluoro-*tert*-butoxy)-Komplex **53** führte hierbei zu einem aktiven Katalysator mit einer ungewöhnlichen Reaktivität gegenüber konjugierten, symmetrischen Diinen. Mechanistische Studien könnten hilfreich sein, um die Bildung der Triine besser zu verstehen. Des Weiteren sollte in Zukunft ein Konzept entwickelt werden, durch das das Gleichgewicht dieser Reaktion auf die Seite der Produkte verschoben werden kann. Auf diese Weise würde eine einfache Methode für die gezielte Synthese von Triinen erhalten werden. Darüber hinaus stehen Bestimmungen isolierter Ausbeuten für die Metathese von Diinen aus. Zu guter Letzt sollte auch die Untersuchung der katalytischen Aktivität des „Push-Pull"-Komplexes **60** im Vordergrund zukünftiger Forschungen liegen, um umfassende Aussagen zu den theoretisch ermittelten Aktivitäten treffen zu können.

4 Experimentalteil

4.1 Allgemeine Arbeitstechniken

Alle Arbeiten mit luft- und feuchtigkeitsempfindlichen Substanzen wurden in einer Glovebox der der Firma MBraun GmbH, Modell 200B, oder unter Verwendung der üblichen Schlenktechniken durchgeführt. Hierfür wurde Argon 4.6 der Linde bzw. Westfalen AG eingesetzt. Dieses wurde zuvor zur Entfernung von Sauerstoffspuren bei 160 °C über einen BTS-Katalysator (Kupfer(I)katalysator) und über Phosphorpentoxid (Sicapent mit Farbindikator, VWR) zur Entfernung von Feuchtigkeitsresten geleitet. Alle verwendeten Lösungsmittel wurden entweder nach üblichen Standardvorschriften oder durch eine Lösungsmitteltrocknungsapparatur der Firma MBraun GmbH getrocknet und bis zur Verwendung unter Argon-Schutzgasatmosphäre und über Molekularsieb (3–4 Å) aufbewahrt. Für die Säulenchromatographie wurde Kieselgel der Firma Merck der Korngrößen 40–63 µm (230–400 mesh) verwendet. Die verwendeten Eluenten sind jeweils angegeben. Die Dünnschichtchromatographie wurde an Kieselgel-Fertigkarten Polygram Sil G/UV der Firma Macherey-Nager durchgeführt. Der Substanznachweis erfolgte durch Fluoreszenzlöschung bei Bestrahlung mit Licht der Wellenlänge $\lambda = 254$ nm.

4.2 Allgemeine Messtechniken

Elementaranalyse

Die quantitative C-, H-, und N-Bestimmung erfolgte an einem Gerät des Typs Vario Micro Cube von Elementar Analysensysteme, welches mit einem WLD- und einem IR-Detektor versehen ist.

Gaschromatographie

Die gaschromatographischen Messungen wurden auf einem Gerät der Firma Hewlett Packard durchgeführt. Die Messparameter und die Geräteeigenschaften können Tabelle 2 entnommen werden.

GC/MS

Für die Aufnahmen der GC/MS-Spektren wurde das GC-2010 Gerät der Firma SHIMADZU mit einem QP2010SE-Massenspektrometer verwendet. Die Messungen wurden bei einer Quellentemperatur von 250 °C durchgeführt und die Moleküle wurden mittels Elektronenstoßionisation (EI) ionisiert.

Tabelle 2: Geräteparameter des Gaschromatographen.

Temperaturprogramm		Säule	
Starttemperatur	50 °C	Material	DB5-HT
Endtemperatur	300 °C	Länge	30 m
Heizrate	10 °C/min	Innendurchmesser	0.25 mm
Geräteeinstellungen		Filmdicke	0.1 µm
Detektortemperatur	310 °C	Heliumfluss	1.5 mL/min
Injektortemperatur	250 °C	Splitverhältnis	10:1
Detektor	FID		

NMR-Spektroskopie

Alle NMR-spektroskopischen Charakterisierungen erfolgten in nach Standardmethoden absolutierten deuterierten Lösungsmittel, die über Molekularsieb (4 Å) gelagert wurden. Die Lösungsmittel wurden von der Firma Deutero bezogen. Die Kohlenstoff-, Fluor- und Phosphor-NMR-Spektren sind ^{1}H-entkoppelt vermessen worden Die chemische Verschiebung δ ist in parts per million (ppm) aufgeführt. Da keine internen Standards verwendet wurden, dienten die Restprotonensignale der verwendeten deuterierten Lösungsmittel zur Kalibrierung der ^{1}H-NMR-Spektren (THF-d_7, δ = 3.58 ppm; Benzol-d_5, δ = 7.16 ppm; CHCl$_3$, δ = 7.26 ppm; Toluol-d_7, δ = 2.08 ppm; CHDCl$_2$, δ = 5.32 ppm). Für die ^{13}C-NMR-Spektren wurden die Signale der Lösungsmittel selbst als Referenz genutzt (THF-d_8, δ = 67.21 ppm; CDCl$_3$, δ = 77.16 ppm; C$_6$D$_6$, δ = 128.06 ppm; Toluol-d_8, δ = 20.43 ppm; CD$_2$Cl$_2$, δ = 53.84 ppm). Die ^{19}F- und ^{31}P-NMR-Spektren wurden extern referenziert. Die Strukturaufklärung erfolgte wenn notwendig durch zweidimensionale NMR-Experimente (COSY, HSQC, HMBC). Die Messungen wurden an den Geräten Bruker DPX-200, Bruker AV II-300 und Bruker AV II-600 durchgeführt.

Röntgenstrukturanalyse

Die Röntgenstrukturanalyse von Einkristallen wurde auf Oxford Diffraction Diffraktometern bei tiefen Temperaturen (-100 bis -130 K) unter Verwendung von monochromatischer Mo-$K\alpha$- oder spiegelfokussierter Cu-$K\alpha$-Strahlung durchgeführt. Die kristallographischen Daten der gemessenen Verbindungen sind im Kapitel 4.7 dieser Arbeit aufgeführt.

4.3 Chemikalien und Ausgangsverbindungen

Alle verwendeten Chemikalien wurden, soweit nicht anders erwähnt, aus dem Chemikalienfachhandel bezogen und ohne weitere Reinigung eingesetzt. Die Synthesen der Verbindungen 1,3,5-Tri-*tert*-butylbenzol[63], 1-Brom-2,4,6-tri-*tert*-buytlbenzol (**46**)[64,65], **47**[79], **50**[58], **51**[58], KOCMe(CF$_3$)$_2$, KOC(CF$_3$)$_3$[80], Cy$_3$PNSiMe$_3$ (**57**), Cy$_3$PNH (**58**), Cy$_3$PNLi (**59**)[78] und 3-Butin-1-yl-4-methoxybenzoat (**43**)[58] erfolgte nach literaturbekannten Methoden, gegebenenfalls mit leichten Modifikationen. Die Substrate 3-Butinyloxymethylbenzol (**41**), 3-Pentinyloxymethylbenzol (**40**) sowie 1,4-Diphenylbuta-1,3-diin (**54**) und Dodeca-5,7-diin (**55**) wurden freundlicherweise von Celine Bittner, Òscar Àrias und Tobias Schnabel aus dem Arbeitskreis von Prof. M. Tamm zur Verfügung gestellt.

4.4 Komplexverbindungen

4.4.1 Liganden

[KOCMe(CF$_3$)$_2$]

CH$_3$
KO—C—CF$_3$
CF$_3$

Zu einer Lösung aus 3.18 mL (4.72 g, 25.9 mmol) Hexafluoro-*tert*-butanol in 20 mL Diethylether werden portionsweise 1.04 g (25.9 mmol) Kaliumhydrid gegeben. Das Reaktionsgemisch wird vier Stunden bei Raumtemperatur gerührt und anschließend über eine Fritte filtriert. Nach Entfernen des Lösungsmittels wird ein farbloser Feststoff (4.41 g, 20.0 mmol, 77%) erhalten.

^{1}H-NMR (200.1 MHz, C$_6$D$_6$, 25 °C): δ [ppm] = 1.11 [s, 3H, CH_3].

^{19}F{^{1}H}-NMR (188 MHz, C$_6$D$_6$, 25 °C): δ [ppm] = −80.07 [s, CF_3].

[KOC(CF$_3$)$_3$]

CF$_3$
KO—C—CF$_3$
CF$_3$

Zu einer Lösung aus 1.5 mL (2.50 g, 10.6 mmol) Nonafluoro-*tert*-butanol in 10 mL Diethylether werden portionsweise 425 mg (10.6 mmol) Kaliumhydrid gegeben. Das Reaktionsgemisch wird vier Stunden bei Raumtemperatur gerührt und anschließend über eine Fritte filtriert. Nach Entfernen des Lösungsmittels wird ein farbloser Feststoff (2.44 g, 8.9 mmol, 84%) erhalten.

^{19}F{^{1}H}-NMR (188 MHz, C$_6$D$_6$, 25 °C): δ [ppm] = −76.66 [s, CF_3].

[Cy₃PNSiMe₃] (57)

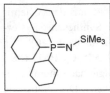

In einem Zweihalskolben mit Rückflusskühler werden 1.0 g (3.57 mmol) Tricyclohexylphosphan vorgelegt und bei 100 °C geschmolzen. 0.52 mL (452 mg, 3.92 mmol) TMS-Azid werden innerhalb von fünf Minuten zur Schmelze getropft. Das Reaktionsgemisch wird daraufhin schrittweise auf 140 °C erwärmt und fünf Stunden gerührt. Anschließend werden die flüchtigen Bestandteile des Reaktionsgemisches im Hochvakuum entfernt, wodurch ein farbloser Feststoff (1.22 g, 3.34 mmol, 94%) erhalten wird.

¹H-NMR (200.1 MHz, C₆D₆, 25 °C): δ [ppm] = 1.91–1.09 [m, 33H, *Cy*], 0.44 [s, 9H, SiC*H₃*].

³¹P{¹H}-NMR (81.0 MHz, C₆D₆, 25 °C): δ [ppm] = 17.6 [s, *P*].

[Cy₃PNH] (58)

689 mg (1.86 mmol) Cy₃PNSiMe₃ **57** werden in 10 mL Methanol gelöst und vier Stunden bei Raumtemperatur gerührt. Anschließend wird das Lösungsmittel im Vakuum entfernt und der weiße Rückstand im Vakuum getrocknet (395 mg, 1.34 mmol, 72%).

¹H-NMR (200.1 MHz, C₆D₆, 25 °C): δ [ppm] = 2.85 [br. s, 1H, N*H*], 1.82–1.07 [m, 33H, *Cy*].

³¹P{¹H}-NMR (81.0 MHz, C₆D₆, 25 °C): δ [ppm] = 40.09 [s, *P*].

[Cy₃PNLi] (59)

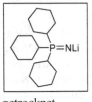

getrocknet.

340 mg (1.15 mmol) Cy₃PNH **58** werden in 20 mL Diethylether vorgelegt und 0.72 mL (1.15 mmol, 1.6 M in Hexan) Methyllithium werden innerhalb von fünf Minuten zu der Lösung getropft. Das Reaktionsgemisch wird zwei Stunden bei Raumtemperatur gerührt. Anschließend wird das Lösungsmittel im Vakuum entfernt und der farblose Rückstand (337 mg, 1.12 mmol, 97%) im Hochvakuum

¹H-NMR (200.1 MHz, C₆D₆, 25 °C): δ [ppm] = 1.94–1.08 [m, 33H, *Cy*].

³¹P{¹H}-NMR (81.0 MHz, C₆D₆, 25 °C): δ [ppm] = 37.7 [s, *P*].

4.4.2 Molybdän(2,4,6-triisopropyl)benzylidin-Komplexe

2,4,6-Triisopropylphenyllithium

In 20 mL Diethylether werden 0.9 mL (1.0 g, 3.53 mmol) 1-Brom-2,4,6-triisopropylbenzol vorgelegt und auf −30°C gekühlt. Hierzu werden 3.7 mL (7.06 mmol, 1.9 M in Pentan) *t*-BuLi getropft. Das Reaktionsgemisch wird eine Stunde bei −30°C gerührt und weitere 18 Stunden bei Raumtemperatur. Das Lösungsmittel wird im Vakuum entfernt und der Rückstand wird sechsmal mit jeweils 10 mL Pentan extrahiert. Die vereinigten Extrakte werden im Vakuum getrocknet, wobei ein leicht orangefarbener Feststoff (728 mg, 3.47 mmol, 98%) erhalten wird.

^{1}H-NMR (200.1 MHz, C_6D_6, 25 °C): δ [ppm] = 7.08 [s, 2H, C*H*], 2.74 [m, 3H, ^3J = 7.0 Hz, C*H*(CH$_3$)$_2$], 1.35 [d, 12H, ^3J = 7.0 Hz, *ortho*-CH(C*H$_3$*)$_2$], 1.23 [d, 6H, ^3J = 7.0 Hz, *para*-CH(C*H$_3$*)$_2$].

Li[(CO)$_5$MoCO(^{i}Pr)$_3$Ph] (36)

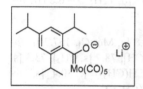

In 20 mL Diethylether werden 916 mg (3.47 mmol) Mo(CO)$_6$ vorgelegt und auf 0 °C gekühlt. Hierzu werden 728 mg (3.47 mmol) 2,4,6-Triisopropylphenyllithium gelöst in 10 mL Diethylether gegeben. Das Reaktionsgemisch wird 18 Stunden bei Raumtemperatur gerührt. Nach Entfernen des Lösungsmittels im Vakuum wird der Rückstand mit Pentan aufgeschlämmt und über eine Fritte filtriert. Der gelbe Feststoff wird mehrfach mit wenig Pentan (3 mL) gewaschen und anschließend im Vakuum getrocknet (1.02 g, 2.15 mmol, 62%).

^{1}H-NMR (300.1 MHz, CD_2Cl_2, 25 °C): δ [ppm] = 6.94 [s, 2H, C*H$_{meta}$*], 3.12 [sept, 2H, ^3J = 6.6 Hz, *ortho*-C*H*(CH$_3$)$_2$], 2.81 [sept, 1H, ^3J = 6.8 Hz, *para*-C*H*(CH$_3$)$_2$], 1.34 [d, 6H, ^3J = 6.8 Hz, *ortho*-CH(C*H$_3$*)$_2$], 1.19 [d, 6H, ^3J = 6.8 Hz, *ortho*-CH(C*H$_3$*)$_2$], 1.03 [d, 6H, ^3J = 6.8 Hz, *para*-CH(C*H$_3$*)$_2$].

^{13}C{^{1}H}-NMR (75.5 MHz, CD_2Cl_2, 25 °C): δ [ppm] = 209.3 [s, *C*O], 155.5 [s, *ipso-C*], 148.0 [s, *para-C*], 139.2 [s, *meta-CH*], 121.9 [s, *ortho-C*], 34.5 [s, *para*-*C*H(CH$_3$)$_2$], 29.0 [s, *ortho*-*C*H(CH$_3$)$_2$], 26.9 [s, *ortho*-CH(*C*H$_3$)$_2$], 24.2 [s, *para*-CH(*C*H$_3$)$_2$], 23.2 [s, *ortho*-CH(*C*H$_3$)$_2$], 14.0 [s, *para*-CH(*C*H$_3$)$_2$].

Elementaranalyse (%) ber. für $C_{21}H_{21}O_6MoLi$: C 53.18, H 4.89; gef.: C 53.53, H 5.47.

[(^{i}Pr)$_3$PhC≡Mo(Br)$_3$(dme)] (38)

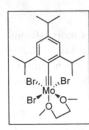

In einem Schlenkkolben werden 600 mg (1.27 mmol) **36** in 40 mL DCM vorgelegt und auf −80 °C gekühlt. In einem Tropftrichter werden 0.8 mL (1.52 mmol) Oxalylbromid in 10 mL DMC gelöst und auf −80 °C gekühlt. Die kalte Lösung wird langsam in das Reaktionsgefäß getropft. Das Reaktionsgemisch wird zwei Stunden bei −80 °C gerührt, dann langsam auf −35 °C erwärmt und anschließend wieder auf −80 °C gekühlt. Die entstehende Suspension wird bei −80 °C über eine Fritte mit Celite gefiltert. Das Filtrat wird mit 1.3 mL DME (12.7 mmol) und einer kalten (−80 °C) Lösung aus 0.07 mL (1.27 mmol) Brom in 10 mL DCM versetzt, langsam auf Raumtemperatur erwärmt und 18 Stunden gerührt. Nach Entfernen des Lösungsmittels im Vakuum wird der braune Rückstand mehrfach mit jeweils 5 mL Pentan versetzt und wieder im Vakuum getrocknet, bis er eine pulvrige Konsistenz annimmt. Das Produkt wird schließlich als brauner Feststoff (579 mg, 0.95 mmol, 75%) isoliert.

^{1}H-NMR (300.1 MHz, CD$_2$Cl$_2$, 25 °C): δ [ppm] = 7.11 [s, 2H, CH_{meta}], 4.77 [sept, 2H, ^3J = 6.8 Hz, *ortho*-CH(CH$_3$)$_2$], 4.03 [br. s, 4H, CH_2], 3.93 [br. s, 3H, CH_3], 3.86 [br. s, 3H, CH_3], 2.98 [sept, 1H, ^3J = 6.9 Hz, *para*-CH(CH$_3$)$_2$], 1.37 [d, 12H, ^3J = 6.8 Hz, *ortho*-CH(CH_3)$_2$], 1.22 [d, 6H, ^3J = 6.9 Hz, *para*-CH(CH_3)$_2$].

^{13}C{^{1}H}-NMR (75.5 MHz, CD$_2$Cl$_2$, 25 °C): δ [ppm] = 339.8 [s, Mo≡*C*], 157.2 [s, *ipso-C*], 154.2 [s, *ortho-C*], 136.9 [s, *para-C*], 120.6 [s, *meta-CH*], 78.7 [s, *C*H$_2$], 73.3 [s, *C*H$_3$], 70.0 [s, *C*H$_2$] 60.4 [s, *C*H$_3$] , 34.5 [s, *para-C*H(CH$_3$)$_2$], 30.4 [s, *ortho-C*H(CH$_3$)$_2$], 26.1 [s, *ortho*-CH(*C*H$_3$)$_2$], 24.3 [s, *para*-CH(*C*H$_3$)$_2$].

[(^{i}Pr)$_3$PhC≡Mo{OCMe(CF$_3$)$_2$}$_2$] (39)

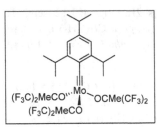

In 25 mL THF werden 628 mg (2.85 mmol) KO-Me(CF$_3$)$_2$ gelöst und mit einer Lösung aus 579 mg (0.95 mmol) **38** in 10 mL THF versetzt. Die entstehende violette Suspension wird 20 Stunden bei Raumtemperatur gerührt. Nach Entfernen des Lösungsmittels bei 50 °C im Vakuum wird der Rückstand siebenmal mit jeweils 7 mL Pentan extrahiert. Die vereinigten Extrakte werden über eine Fritte mit Celite gefiltert. Nach Entfernen des Lösungsmittels im Vakuum wird der Rückstand erneut in 20 mL Pentan aufgenommen und über eine Fritte mit Celite filtriert. Das Lösungsmittel wird im Vakuum entfernt und der braune Rückstand in möglichst wenig Pentan gelöst. Durch Kühlen der gesättigten Pentanlösung auf −82 °C wird ein gelber, kristalliner Feststoff (265 mg, 0.31 mmol, 33%) isoliert.

¹H-NMR (600.1 MHz, CD₂Cl₂, 25 °C): δ [ppm] = 6.96 [s, 2H, CH_{meta}], 3.86 [sept, 2H, ^3J = 6.7 Hz, *ortho*-CH(CH₃)₂], 2.98 [sept, 1H, ^3J = 6.9 Hz, *para*-CH(CH₃)₂], 1.86 [s, 9H, OC(CH_3)(CF₃)₂], 1.25 [d, 12H, ^3J = 6.8 Hz, *ortho*-CH(CH_3)₂], 1.20 [d, 6H, ^3J = 6.9 Hz, *para*-CH(CH_3)₂].

¹³C{¹H}-NMR (150.9 MHz, CD₂Cl₂, 25 °C): δ [ppm] = 320.2 [s, Mo≡C], 153.4 [s, *ortho*-C], 152.8 [s, *para*-C], 141.4 [s, *ipso*-C], 123.3 [q, $^1J_{CF}$ = 287 Hz, CF₃], 121.5 [s, *meta*-CH], 83.8 [quin, $^2J_{CF}$ = 30 Hz, OC(CH₃)(CF₃)₂], 34.8 [s, *para*-CH(CH₃)₂], 30.7 [s, *ortho*-CH(CH₃)₂], 24.7 [s, *ortho*-CH(CH₃)₂], 23.9 [s, *para*-CH(CH₃)₂], 19.3 [s, OC(CH₃)(CF₃)₂].

¹⁹F{¹H}-NMR (188.3 MHz, CD₂Cl₂, 25 °C): δ [ppm] = −78.2 [s, CF_3].

4.4.3 Molybdän(2,4,6-tri-tert-butyl)benzylidin-Komplexe

1,3,5-Tri-*tert*-butylbenzol (45)

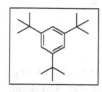

In einem Dreihalskolben, der mit einem mechanischen Rührer und einem Rückflusskühler ausgestattet ist, werden 13.7 mL (15.6 g, 0.2 mol) Benzol und 163 mL (194 g, 2.1 mol) *tert*-Butylchlorid vorgelegt. Bei −40 °C werden über einen Zeitraum von 20 Minuten 13.3 g (0.1 mol) AlCl₃ zum Reaktionsgemisch gegeben. Dieses wird langsam auf −15 °C erwärmt und zwei Stunden bei dieser Temperatur gerührt. Danach wird die gelbe Suspension auf 800 g Eis gegeben, wodurch es zu einer Rosafärbung kommt. Die organische Phase wird abgetrennt, mit destilliertem Wasser gewaschen und über Natriumsulfat getrocknet. Das Lösungsmittel wird im Vakuum entfernt und durch Umkristallisation des Rückstandes aus Methanol wird ein farbloser Feststoff (25.8 g, 0.11 mol, 53%) erhalten.

¹H-NMR (300.1 MHz, CDCl₃, 25 °C): δ [ppm] = 7.19 [s, 3H, CH], 1.26 [s, 27H, CH_3].

¹³C{¹H}-NMR (75.5 MHz, CDCl₃, 25 °C): δ [ppm] = 150.1 [s, C], 119.6 [s, CH], 35.2 [s, C(CH₃)₃], 31.8 [s, C(CH₃)₃].

1-Brom-2,4,6-tri-*tert*-butylbenzol (46)

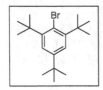

23.0 g (93 mmol) 1,3,5-Tri-*tert*-butylbenzol werden in 300 mL frisch destilliertem Trimethylphosphat vorgelegt und unter Rühren bei 54 °C aufgelöst. 11.0 mL (34.2 g, 214 mmol) Brom werden langsam zu der Lösung getropft, wobei diese sich rot färbt. Das Reaktionsgemisch wird 24 Stunden bei 100 °C gerührt. In dieser Zeit lässt die Färbung des Reaktionsgemisches langsam nach. Durch Kühlen der Lösung bilden sich leicht gelbe Kristalle, die durch Filtration isoliert werden. Der Filterkuchen wird mehrfach mit destilliertem Wasser gewaschen und anschließend aus Ethanol (300 mL) umkristallisiert, wodurch ein farbloser Feststoff (17.4 g, 53 mmol, 57%) erhalten wird.

^{1}H-NMR (300.1 MHz, CDCl$_3$, 25 °C): δ [ppm] = 7.43 [s, 2H, C*H*], 1.61 [s, 18H, *ortho*-C(C*H*$_3$)$_3$], 1.34 [s, 9H, *para*- C(C*H*$_3$)$_3$].

^{13}C{^{1}H}-NMR (75.5 MHz, CDCl$_3$, 25 °C) δ [ppm] = 148.7 [s, *ortho*-*C*], 148.6 [s, *para*-*C*] 123.8 [s, *meta*-C*H*], 121.8 [s, *ipso*-*C*], 136.9 [s, *para*-*C*], 38.5 [s, *ortho*-*C*(CH$_3$)$_3$], 35.1 [s, *para*-*C*(CH$_3$)$_3$], 31.5 [s, *para*-C(*C*H$_3$)$_3$], 31.1 [s, *ortho*-C(*C*H$_3$)$_3$].

4.4.4 Molybdän(2,4,6-trimethyl)benzylidin-Komplexe

[NMe$_4$][Mes(CO)Mo(CO)$_5$] (50)

In 80 mL Diethylether werden 2.9 mL (3.77 g, 19 mmol) Bromomesitylen gelöst, auf −20 °C gekühlt und mit 25 mL (40 mmol, 1.6 M in Pentan) *n*-BuLi versetzt. Das Reaktionsgemisch wird langsam auf Raumtemperatur erwärmt und 15 Stunden gerührt. Die Lösung wird bei 0 °C zu einer Suspension aus 5.0 g (19 mmol) Mo(CO)$_6$ in 60 mL Diethylether gegeben. Das gelbe Reaktionsgemisch wird 3 Stunden bei Raumtemperatur gerührt, wobei eine Farbänderung zu rotbraun beobachtet werden kann. Nach Entfernen des Lösungsmittels im Vakuum wird der Rückstand mit 8 mL entgastem Wasser aufgeschlämmt, über eine Fritte filtriert und mit wenig Wasser (3 mL) nachgespült. Das Filtrat wird langsam in eine Lösung aus 6.0 g (39 mmol) NMe$_4$Br in 5 mL entgastem Wasser getropft. Das Gemisch wird eine Stunde gerührt und anschließend wird das Wasser abkanüliert. Der orangefarbene Rückstand wird im Vakuum getrocknet und mit Diethylether gewaschen. Nach zweimaligem Lösen des Rückstandes in 8 mL DCM und Ausfällen in 50 mL Diethylether wird ein hellgelber Feststoff (3.96 g, 8.7 mmol, 46%) isoliert.

¹H-NMR (300.1 MHz, CD_2Cl_2, 25 °C): δ [ppm] = 6.65 [s, 2H, CH_{meta}], 3.12 [s, 12H, $N(CH_3)_4{}^+$], 2.20 [s, 3H, *para*-CH_3], 2.13 [s, 6H, *ortho*-CH_3].

¹³C{¹H}-NMR (75.5 MHz, CD_2Cl_2, 25 °C): δ [ppm] = 218.7 [s, *CO*], 211.0 [s, *CO*], 159.0 [s, *ipso-C*], 133.8 [s, *para-C*], 128.7 [s, *meta*-CH], 127.5 [s, *ortho-C*], 56.4 [s, $N(CH_3)_4$], 20.9 [s, *para*-CH_3], 18.5 [s, *ortho*-CH_3].

[MesC≡Mo(Br)₃(dme)] (51)

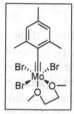

In einem 250 mL-Schlenkkolben werden 2.50 g (5.47 mmol) **50** in 80 mL DCM vorgelegt und auf −80 °C gekühlt. In einem Tropftrichter werden 3.3 mL (6.56 mmol) Oxalylbromid in 15 mL DMC gelöst und auf −80 °C gekühlt. Die kalte Lösung wird langsam in das Reaktionsgefäß getropft. Das Reaktionsgemisch wird eine Stunde bei −80 °C gerührt, dann langsam auf −25 °C erwärmt und anschließend wieder auf −80 °C gekühlt. Die entstehende Suspension wird bei −80 °C über eine Fritte mit Celite gefiltert. Das Filtrat wird mit 6 mL DME (54.7 mmol) und einer kalten (−80 °C) Lösung aus 0.3 mL (5.47 mmol) Brom in 15 mL DCM versetzt, langsam auf Raumtemperatur erwärmt und weitere 18 Stunden gerührt. Nach Entfernen des Lösungsmittels im Vakuum wird der rotbraune Rückstand zweimal in 9 mL DCM gelöst und in 50 mL Pentan ausgefällt. Letztlich wird ein orangegefarbener Feststoff (1.82 g, 3.27 mmol, 60%) erhalten.

¹H-NMR (300.1 MHz, CD_2Cl_2, 25 °C): δ [ppm] = 6.89 [s, 2H, CH_{meta}], 4.02 [br. s, 4H, CH_2], 3.96 [br. s, 3H, CH_3], 3.85 [br. s, 3H, CH_3], 3.19 [s, 6H, *ortho*-CH_3], 2.56 [s, 3H, *para*-CH_3].

¹³C{¹H}-NMR (75.5 MHz, CD_2Cl_2, 25 °C): δ [ppm] = 340.6 [s, Mo≡*C*], 146.1 [s, *ipso-C*], 143.3 [s, *ortho-C*], 138.5 [s, *para-C*], 127.4 [s, *meta*-CH], 78.7 [s, CH_2], 73.5 [s, CH_3], 70.0 [s, CH_2], 60.3 [s, CH_3], 21.0 [s, *para*-CH_3], 20.6 [s, *ortho*-CH_3].

[MesC≡Mo{OC(CF₃)₃}₃(thf)] (52)

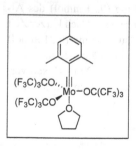

740 g (2.70 mmol) $KOC(CF_3)_3$ werden in 8 mL THF suspendiert und zu einer Lösung aus 500 mg (0.09 mmol) **51** in 8 mL Toluol gegeben. Die violette Suspension wird 12 Stunden bei Raumtemperatur gerührt, wobei ein Farbumschlag nach dunkelgrün eintritt. Daraufhin wird das Lösungsmittel im Vakuum entfernt und der dunkle Rückstand wird siebenmal mit 8 mL Pentan extrahiert. Die vereinigten Extrakte werden über eine Fritte mit Celite ge-

filtert. Nach Kühlen des Filtrats auf −35 °C werden dunkelgrüne Kristalle (519 mg, 0.52 mmol, 58%) erhalten.

¹H-NMR (200.1 MHz, C_6D_6, 25 °C): δ [ppm] = 6.43 [m, 2H, CH_{meta}], 3.72 [m, 4H, OCH_2], 2.55 [s, 6H, *ortho*-CH_3], 1.99 [s, 3H, *para*-CH_3], 1.21 [m, 4H, CH_2].

¹⁹F{¹H}-NMR (188.3 MHz, C_6D_6, 25 °C): δ [ppm] = −72.31 [s, CF_3].

[MesC≡Mo{OC(CF₃)₃}₃] (53)

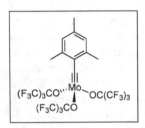

1.0 g (3.78 mmol) $KOC(CF_3)_3$ werden in 10 mL Toluol suspendiert und zu einer Lösung aus 700 mg (1.26 mmol) **51** in 10 mL Toluol gegeben. Die dunkel rote Suspension wird vier Tage bei Raumtemperatur gerührt. Daraufhin wird das Lösungsmittel im Vakuum entfernt und der dunkel rote Feststoff wird fünfmal mit 8 mL Pentan extrahiert. Die vereinigten Extrakte werden über eine Fritte mit Celite gefiltert. Durch Kühlen einer gesättigten Pentanlösung auf −35 °C werden rote Kristalle (618 mg, 0.66 mmol, 53%) erhalten.

¹H-NMR (600.1 MHz, CD_2Cl_2, 25 °C): δ [ppm] = 6.78 [m, 2H, CH_{meta}], 2.50 [s, 6H, *ortho*-CH_3,], 2.33 [s, 3H, *para*-CH_3].

¹³C{¹H}-NMR (150.9 MHz, CD_2Cl_2, 25 °C): δ [ppm] = 332.7 [s, Mo≡*C*], 143.7 [s, *ortho*-*C*], 143.3 [s, *ipso*-*C*], 143.2 [s, *para*-*C*], 128.9 [s, *meta*-*CH*], 120.7 [q, $^1J_{CF}$ = 293 Hz, $OC(CF_3)_3$], 85.5 [sextett, $^2J_{CF}$ = 31 Hz, $OC(CF_3)_3$], 21.3 [s, *para*-CH_3], 19.7 [s, *ortho*-CH_3].

¹⁹F{¹H}-NMR (376.1 MHz, C_6D_6, 25 °C): δ [ppm] = −73.71 (s, CF_3).

[MesC≡Mo{OC(CF₃)₃}₃(bipy)] (53(bipy))

200 mg (0.21 mmol) **53** und 34 mg (0.21 mmol) des Alkins **42** werden in 4 mL DCM vorgelegt. Nach kurzer Zeit werden zu dieser dunkelroten Lösung 33 mg (0.21 mmol) 2,2'-Bipyridin gegeben, wobei eine Färbung zu violett eintritt. Das Reaktionsgemisch wird mit 2 mL Hexan versetzt und auf −35 °C. Nach mehreren Tagen werden hierdurch große, violette Kristalle erhalten.

[MesC≡Mo(NPCy₃){OC(CF₃)₃}₂] (60)

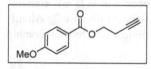

224 mg (0.22 mmol) **52** oder 205 mg (0.22 mmol) **53** werden in 6 mL Toluol vorgelegt und mit einer Suspension aus 66 mg (0.22 mmol) Cy₃PNLi **59** in 6 mL Toluol versetzt. Das Reaktionsgemisch wird 14 Stunden bei Raumtemperatur gerührt. Anschließend wird das Lösungsmittel im Vakuum entfernt und der Rückstand in Diethylether aufgenommen. Die Suspension wird über eine Fritte filtriert und das Filtrat wird zur Kristallisation bei −35 °C gelagert. Hierbei wird ein roter, kristalliner Feststoff (98 mg, 0.1 mmol, 46 %) erhalten.

^{1}H-NMR (MHz, CD₂Cl₂, 25 °C): δ [ppm] = 6.71 [s, 2H, CH_{meta}], 2.40 [s, 6H, *ortho*-CH_3,], 2.25 [s, 3H, *para*-CH_3], 1.99–0.99 [m, 33H, *Cy*].

^{19}F{^{1}H}-NMR (188.3 MHz, CD₂Cl₂, 25 °C): δ [ppm] = −74.30 [s, CF_3].

^{31}P{^{1}H}-NMR (81.0 MHz, CD₂Cl₂, 25 °C): δ [ppm] = 49.0 [s, *P*].

4.5 Organische Verbindungen

3-Butin-1-yl-4-methoxybenzoat (43)

In einem 250 mL-Schlenkkolben werden in 65 mL DCM 1.21 mL (1.12 g, 16 mmol) 3-Bution-1-ol, 5 mL Pyridin und 122 mg (1 mmol, 6 mol%) DMAP vorgelegt. Bei 0 °C werden 2.17 mL (2.73 g, 16 mmol) 4-Methoxybenzoylchlorid zu dem Reaktionsgemisch getropft, welches im Anschluss drei Stunden bei Raumtemperatur gerührt wird. Die Reaktion wird mit destilliertem Wasser gequencht und die wässrige Phase wird dreimal mit Chloroform extrahiert. Die vereinigten organischen Phasen werden mit gesättigter NH₄Cl- und NaCl-Lösung gewaschen und über Na₂SO₄ getrocknet. Das Lösungsmittel wird im Vakuum entfernt und das Rohprodukt, das als gelbes Öl erhalten wird, wird säulenchromatographisch (Hexan/Ethylacetat 4:1) aufgereinigt. Es wird ein farbloser Feststoff (2.81 g, 13.8 mmol, 83%) isoliert.

^{1}H-NMR (200.1 MHz, CDCl₃, 25 °C): δ [ppm] = 7.92 [m, 2H, Ar-C*H*], 6.85 [m, 2H, Ar-C*H*], 4.32 [t, 2H, ^3J = 6.8 Hz, CH_2], 3.78 [s, 3H, OCH_3], 2.58 [dt, 2H, ^3J = 2.6 Hz, ^3J = 6.8 Hz, CH_2], 1.95 [t, 1H, ^3J = 2.7 Hz, C*H*].

^{13}C{^{1}H}-NMR (50.3 MHz, CDCl$_3$, 25 °C): δ [ppm] = 166.1 [s, CO], 163.6 [s, Ar-C], 131.8 [s, Ar-CH], 122.5 [s, Ar-C], 113.8 [s, Ar-CH], 80.2 [s, $C\equiv CH$], 70.0 [s, $C\equiv CH$], 62.4 [s, CH_2], 55.5 [s, OCH$_3$], 19.2 [s, CH_2].

Elementaranalyse (%) ber. für C$_{12}$H$_{12}$O$_3$: C 70.58, H 5.95; gef.: C 70.66, H 5.87.

4.5.1   Metathesen und Produktcharakterisierung

Arbeitsvorschriften zur Umsatzbestimmung in Abhängigkeit der Zeit mittels GC

Metathese interner Alkine

In einem 50 mL-Schlenkkolben werden 250 mg Molekularsieb 5 Å, 0.05 mL n-Decan und 0.25 mmol Substrat vorgelegt und in 2.5 mL Toluol gelöst. Nach fünfminütigem Rühren des Gemisches wird der Katalysator (1 mol%, 2.5 µmol) hinzugefügt. In gewissen Zeitabständen werden dem Reaktionsgemisch Proben von 0.05 mL entnommen, die zur Entfernung des Katalysators und des Molekularsiebs über wenig Aluminoxid filtriert werden. Die Proben werden anschließend mittels Gaschromatographie untersucht.

Metathese terminaler Alkine

In einem 50 mL-Schlenkkolben werden 250 mg Molekularsieb 5 Å, 0.05 mL n-Decan und 0.25 mmol Substrat vorgelegt und in 12 mL Toluol gelöst. Nach fünfminütigem Rühren des Gemisches wird der Katalysator (1 mol%, 2.5 µmol) hinzugefügt. In gewissen Zeitabständen werden dem Reaktionsgemisch Proben von 0.25 mL entnommen, die zur Entfernung des Katalysators und des Molekularsiebs über wenig Aluminoxid filtriert werden. Die Proben werden anschließend mittels Gaschromatographie untersucht.

Kreuzmetathese von konjugierten Diinen

In einem 50 mL Schlenkkolben werden 0.02 mL n-Decan und 0.123 mmol der jeweiligen Substrate vorgelegt und in 7 mL DCM gelöst. Anschließend wird der Katalysator (2 mol%, 4.3 µmol) hinzugefügt. In gewissen Zeitabständen werden dem Reaktionsgemisch Proben von 0.1 mL entnommen, die zur Entfernung des Katalysators und des Molekularsiebs über wenig Aluminoxid filtriert werden. Die Proben werden anschließend mittels Gaschromatographie untersucht.

Metathese von konjugierten Diinen

In einem 50 mL Schlenkkolben werden 0.02 mL n-Decan und 0.25 mmol Substrat vorgelegt und in 7 mL DCM gelöst. Anschließend wird der Katalysator (1 mol%,

2.5 µmol) hinzugefügt. In gewissen Zeitabständen werden dem Reaktionsgemisch Proben von 0.1 mL entnommen, die zur Entfernung des Katalysators und des Molekularsiebs über wenig Aluminoxid filtriert werden. Die Proben werden anschließend mittels Gaschromatographie untersucht.

Arbeitsvorschriften zur Bestimmung der isolierten Ausbeute

Metathese interner Alkine

In einem 50 mL-Schlenkkolben werden 500 mg Molekularsieb 5 Å und 0.5 mmol Substrat vorgelegt und in 2.5 mL Toluol gelöst. Nach fünfminütigem Rühren des Gemisches wird Komplex 39 (1 mol%, 5 µmol) hinzugefügt und die Reaktionslösung zwei Stunden bei Raumtemperatur gerührt. Zur Entfernung des Katalysators und des Molekularsiebs wird es anschließend über einen Filter und Aluminoxid filtriert und das Lösungsmittel im Vakuum entfernt. Das Alkin 42 wird als hellgelbes Öl (62 mg, 0.21 mmol, 84%) erhalten.

Metathese terminaler Alkine

In einem 50 mL-Schlenkkolben werden 500 mg Molekularsieb 5 Å und 0.5 mmol Substrat vorgelegt und in 24 mL Toluol gelöst. Nach fünfminütigem Rühren des Gemisches wird Komplex 39 (1 mol%, 5 µmol) hinzugefügt und die Reaktionslösung zwei Stunden bei Raumtemperatur gerührt. Zur Entfernung des Katalysators und des Molekularsiebs wird es anschließend über einen Filter und Aluminoxid filtriert und das Lösungsmittel im Vakuum entfernt. Das Alkin 44 wird als weißer Feststoff (78 mg, 0.20 mmol, 79%) erhalten.

Katalyseprodukte

1,6-Bis(benzyloxy)hex-3-in (42)

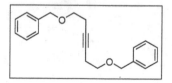

^{1}H-NMR (200.1 MHz, CDCl$_3$, 25 °C): δ [ppm] = 7.27–7.16 [m, 10H, Ar-CH], 4.46 [s, 4H, OCH_2], 3.48 [t, 4H, ^3J = 7.0 Hz, OCH_2], 2.40 [t, 4H, ^3J = 7.0 Hz, CH_2].

1,6-Bis(4-methoxybenzoyloxy)hex-3-in (44)

^{1}**H-NMR** (300.1 MHz, CDCl$_3$, 25 °C): δ [ppm] = 7.99 [m, 4H, Ar-CH], 6.89 [m, 4H, Ar-CH], 4.35 [t, 4H, ^3J = 6.9 Hz, CH_2], 3.85 [s, 6H, OCH_3], 2.62 [tt, 4H, ^3J = 2.0 Hz, ^3J = 6.9 Hz, CH_2].

^{13}**C{^{1}H}-NMR** (75.5 MHz, CDCl$_3$, 25 °C): δ [ppm] = 166.2 [s, C=O], 163.5 [s, Ar-C], 131.8 [s, Ar-CH], 122.6 [s, Ar-C], 113.7 [s, Ar-CH], 62.9 [s, CH$_2$], 55.6 [s, OCH$_3$], 19.5 [s, CH$_2$].

5 Literatur

[1] J. O. Metzger, E. Schmidt, U. Schneidewind, *Angew. Chem.* **2002**, *114*, 402–425.

[2] C. Elschenbroich, *Organometallchemie*, Teubner, Wiesbaden, **2008**.

[3] J. N. Armor, *Catal. Today* **2011**, *163*, 3–9.

[4] W. C. Zeise, *Ann. Phys. Chem.* **1831**, *97*, 497–541.

[5] a) A. Fürstner, *Angew. Chem. Int. Ed.* **2000**, *39*, 3012–3043; b) G. Wilkinson, *Angew. Chem.* **1974**, *86*, 664–667.

[6] X. Wu, M. Tamm, *Beilstein J. Org. Chem.* **2011**, *7*, 82–93.

[7] U. H. F. Bunz, L. Kloppenburg, *Angew. Chem. Int. Ed.* **1999**, *38*, 478–481.

[8] Y. Chauvin, *Angew. Chem. Int. Ed.* **2006**, *45*, 3740–3747.

[9] N. G. Pschirer, U. H. Bunz, *Tetrahedron Lett.* **1999**, *40*, 2481–2484.

[10] A. Fürstner, *Angew. Chem. Int. Ed.* **2013**, *52*, 2794–2819.

[11] R. R. Schrock, *Chem. Commun.* **2013**, *49*, 5529–5531.

[12] R. R. Schrock, A. H. Hoveyda, *Angew. Chem. Int. Ed.* **2003**, *42*, 4592–4633.

[13] F. Pennella, R. L. Banks, G.C. Bailey, *Chem. Commun.* **1968**, 1548–1549.

[14] A. Mortreux, M. Blanchard, *J. Chem. Soc., Chem. Commun.* **1974**, 786–787.

[15] T. J. Katz, J. McGinnis, *J. Am. Chem. Soc.* **1975**, *97*, 1592–1594.

[16] J. H. Freudenberger, R. R. Schrock, M. R. Churchill, A. L. Rheingold, J. W. Ziller, *Organometallics* **1984**, *3*, 1563–1573.

[17] A. Fürstner, C. Mathes, C. W. Lehmann, *Chem. Eur. J.* **2001**, *7*, 5299–5317.

[18] R. R. Schrock, *J. Am. Chem. Soc.* **1974**, *96*, 6796–6797.

[19] a) D. N. Clark, R. R. Schrock, *J. Am. Chem. Soc.* **1978**, *100*, 6774–6776; b) D. N. Clark, R. R. Schrock, *J. Am. Chem. Soc.* **1978**, *100*, 6774–6776.

[20] L. G. McCullough, R. R. Schrock, J. C. Dewan, J. C. Murdzek, *J. Am. Chem. Soc.* **1985**, *107*, 5987–5998.

[21] a) R. R. Schrock, *J. Organomet. Chem.* **1986**, *300*, 249–262; b) R. R. Schrock, D. N. Clark, J. Sancho, J. H. Wengrovius, S. M. Rocklage, S. F. Pedersen, *Organometallics* **1982**, *1*, 1645–1651.

[22] K. Jyothish, W. Zhang, *Angew. Chem. Int. Ed.* **2011**, *50*, 8478–8480.

[23] A. Fürstner, C. Mathes, C. W. Lehmann, *J. Am. Chem. Soc.* **1999**, *121*, 9453–9454.

[24] C. E. Laplaza, C. C. Cummins, *Science* **1995**, *268*, 861–863.

[25] W. Zhang, S. Kraft, J. S. Moore, *Chem. Commun.* **2003**, 832–833.

[26] A. Mayr, G. A. McDermott, A. M. Dorries, *Organometallics* **1985**, *4*, 608–610.

[27] S. Beer, C. G. Hrib, P. G. Jones, K. Brandhorst, J. Grunenberg, M. Tamm, *Angew. Chem.* **2007**, *119*, 9047–9051.

[28] a) G. A. Cortez, R. R. Schrock, A. H. Hoveyda, *Angew. Chem. Int. Ed.* **2007**, *46*, 4534–4538; b) S. J. Connon, S. Blechert, *Angew. Chem. Int. Ed.* **2003**, *42*, 1900–1923.

[29] N. Kuhn, M. Göhner, M. Grathwohl, J. Wiethoff, G. Frenking, Y. Chen, *Z. Anorg. Allg. Chem.* **2003**, *629*, 793–802.

[30] M. Tamm, D. Petrovic, S. Randoll, S. Beer, T. Bannenberg, P. G. Jones, J. Grunenberg, *Org. Biomol. Chem.* **2007**, *5*, 523–530.

[31] B. Haberlag, X. Wu, K. Brandhorst, J. Grunenberg, C. G. Daniliuc, P. G. Jones, M. Tamm, *Chemistry* **2010**, *16*, 8868–8877.

[32] R. L. Gdula, M. J. A. Johnson, *J. Am. Chem. Soc.* **2006**, *128*, 9614–9615.

[33] A. M. Geyer, E. S. Wiedner, J. B. Gary, R. L. Gdula, N. C. Kuhlmann, M. J. A. Johnson, B. D. Dunietz, J. W. Kampf, *J. Am. Chem. Soc.* **2008**, *130*, 8984–8999.

[34] M. Bindl, R. Stade, E. K. Heilmann, A. Picot, R. Goddard, A. Fürstner, *J. Am. Chem. Soc.* **2009**, *131*, 9468–9470.

[35] a) H.-T. Chiu, Y.-P. Chen, S.-H. Chuang, J.-S. Jen, G.-H. Lee, S.-M. Peng, *Chem. Commun.* **1996**, 139; b) H.-T. Chiu, S.-H. Chuang, G.-H. Lee, S.-M. Peng, *Adv. Mater.* **1998**, *10*, 1475–1479.

[36] J. Heppekausen, R. Stade, R. Goddard, A. Fürstner, *J. Am. Chem. Soc.* **2010**, *132*, 11045–11057.

[37] V. Huc, R. Weihofen, I. Martin-Jimenez, P. Oulie, C. Lepetit, G. Lavigne, R. Chauvin, *New J. Chem.* **2003**, *27*, 1412.

[38] V. Maraval, C. Lepetit, A.-M. Caminade, J.-P. Majoral, R. Chauvin, *Tetrahedron Lett.* **2006**, *47*, 2155–2159.

[39] W. Zhang, J. S. Moore, *J. Am. Chem. Soc.* **2004**, *126*, 12796.

[40] W. Zhang, S. M. Brombosz, J. L. Mendoza, J. S. Moore, *J. Org. Chem.* **2005**, *70*, 10198–10201.

[41] Q. Wang, C. Yu, H. Long, Y. Du, Y. Jin, W. Zhang, *Angew. Chem. Int. Ed.* **2015**, *54*, 7550–7554.

[42] A. Fürstner, C. Mathes, *Org. Lett.* **2001**, *3*, 221–223.

[43] A. Fürstner, G. Seidel, *Angew. Chem. Int. Ed.* **1998**, *37*, 1734–1736.

[44] a) A. Fürstner, K. Radkowski, *Chem. Commun.* **2002**, 2182–2183; b) B. M. Trost, Z. T. Ball, T. Jöge, *J. Am. Chem. Soc.* **2002**, *124*, 7922–7923.

[45] A. Fürstner, C. Mathes, K. Grela, *Chem. Commun.* **2001**, 1057–1059.

[46] a) E. B. Bauer, F. Hampel, J. A. Gladysz, *Adv. Synth. Catal.* **2004**, *346*, 812–822; b) E. B. Bauer, S. Szafert, F. Hampel, J. A. Gladysz, *Organometallics* **2003**, *22*, 2184–2186.

[47] J. C. Mol, *J. Mol. Catal. A* **2004**, *213*, 39–45.

[48] H. Yang, Y. Jin, Y. Du, W. Zhang, *J. Mater. Chem. A* **2014**, *2*, 5986.

[49] a) G. Brizius, S. Kroth, U. H. F. Bunz, *Macromolecules* **2002**, *35*, 5317–5319; b) C. A. Johnson, Y. Lu, M. M. Haley, *Org. Lett.* **2007**, *9*, 3725–3728.

[50] a) K. Weiss, E.-M. Auth, U. H. F. Bunz, T. Mangel, K. Müllen, *Angew. Chem.* **1997**, *109*, 522–525; b) C. E. Halkyard, M. E. Rampey, L. Kloppenburg, S. L. Studer-Martinez, U. H. F. Bunz, *Macromolecules* **1998**, *31*, 8655–8659.

[51] L. Kloppenburg, D. Song, U. H. F. Bunz, *J. Am. Chem. Soc.* **1998**, *120*, 7973–7974.

[52] G. Brizius, N. G. Pschirer, W. Steffen, K. Stitzer, H.-C. Zur Loye, U. H. F. Bunz, *J. Am. Chem. Soc.* **2000**, *122*, 12435–12440.

[53] S. A. Krouse, R. R. Schrock, *Macromolecules* **1989**, *22*, 2569–2576.

[54] X.-P. Zhang, G. C. Bazan, *Macromolecules* **1994**, *27*, 4627–4628.

[55] A. Bray, A. Mortreux, F. Petit, M. Petit, T. Szymanska-Buzar, *J. Chem. Soc., Chem. Commun.* **1993**, 197–199.

[56] a) L. G. McCullough, M. L. Listemann, R. R. Schrock, M. R. Churchill, J. W. Ziller, *J. Am. Chem. Soc.* **1983**, *105*, 6729–6730; b) M. R. Churchill, J. W. Ziller, *J. Organomet. Chem.* **1985**, *281*, 237–248; c) M. R. Churchill, J. W. Ziller, *J. Organomet. Chem.* **1985**, *286*, 27–36.

[57] O. Coutelier, G. Nowogrocki, J.-F. Paul, A. Mortreux, *Adv. Synth. Catal.* **2007**, *349*, 2259–2263.

[58] B. Haberlag, M. Freytag, C. G. Daniliuc, P. G. Jones, M. Tamm, *Angew. Chem. Int. Ed.* **2012**, *51*, 13019–13022.

[59] S. Lysenko, J. Volbeda, P. G. Jones, M. Tamm, *Angew. Chem. Int. Ed.* **2012**, *51*, 6757–6761.

[60] a) M. L. Listemann, R. R. Schrock, *Organometallics* **1985**, *4*, 74–83; b) B. Schwenzer, J. Schleu, N. Burzlaff, C. Karl, H. Fischer, *J. Organomet. Chem.* **2002**, *641*, 134–141.

[61] E. O. Fischer, A. Maasböl, *Chem. Ber.* **1967**, *100*, 2445–2456.

[62] D. Seebach, H. Neumann, *Chem. Ber.* **1974**, *107*, 847–853.

[63] S. R. Ditto, R. J. Card, P. D. Davis, D. C. Neckers, *J. Org. Chem.* **1979**, *44*, 894–896.

[64] R. Knorr, C. Pires, C. Behringer, T. Menke, J. Freudenreich, E. C. Rossmann, P. Böhrer, *J. Am. Chem. Soc.* **2006**, *128*, 14845–14853.

[65] J. E. Borger, A. W. Ehlers, M. Lutz, J. C. Slootweg, K. Lammertsma, *Angew. Chem.* **2014**, *126*, 13050–13053.

[66] S. B. Clendenning, J. C. Green, J. F. Nixon, *Dalton trans.* **2000**, *9*, 1507–1512.

[67] N. I. Kirillova, A. S. Frenkel, E. A. Monin, G. K. Magomedov, A. I. Gusev, A. V. Kisin, E. V. Bulycheva, *Metalloorg. Khim.* **1992**, *5*, 1107–1112.

[68]   A. Elass, J. Brocard, G. Surpateanu, G. Vergoten, *J Mol. Struc.* **1999**, *466*, 21–33.

[69]   S. Beer, K. Brandhorst, C. G. Hrib, X. Wu, B. Haberlag, J. Grunenberg, P. G. Jones, M. Tamm, *Organometallics* **2009**, *28*, 1534–1545.

[70]   B. Haberlag, *Dissertation*, Braunschweig, **2013**.

[71]   X. Wu, *Dissertation*, Braunschweig, **2011**.

[72]   T. Hayashi, *Acc. Chem. Res.* **2000**, *33*, 354–362.

[73]   a) C. M. Donahue, S. P. McCollom, C. M. Forrest, A. V. Blake, B. J. Bellott, J. M. Keith, S. R. Daly, *Inorg. Chem.* **2015**, *54*, 5646–5659; b) S. S. Chitnis, N. Burford, *Dalton trans.* **2015**, *44*, 17–29; c) K. D. J. Parker, M. D. Fryzuk, *Organometallics* **2014**, *33*, 6122–6131; d) B. P. Nell, D. R. Tyler, *Coord. Chem. Rev.* **2014**, *279*, 23–42.

[74]   K. Dehnicke, M. Krieger, W. Massa, *Coord. Chem. Rev.* **1999**, *182*, 19–65.

[75]   a) K. Dehnicke, J. Strähle, *Polyhedron* **1989**, *8*, 707–726; b) K. Dehnicke, A. Greiner, *Angew. Chem. Int. Ed.* **2003**, 1340–1354; c) A. Diefenbach, F. M. Bickelhaupt, *Z. Anorg. Allg. Chem.* **1999**, 892–900.

[76]   a) Y. G. Gololobov, L. F. Kasukhin, *Tetrahedron* **1992**, *48*, 1353–1406; b) Y. Gololobov, I. N. Zhmurova, L. F. Kasukhin, *Tetrahedron* **1981**, *37*, 437–472; c) S. Bräse, C. Gil, K. Knepper, V. Zimmermann, *Angew. Chem. Int. Ed.* **2005**, *44*, 5188–5240.

[77]   H. Staudinger, J. Meyer, *Helv. Chim. Acta* **1919**, *2*, 635–646.

[78]   D. W. Stephan, J. C. Stewart, F. Guérin, S. Courtenay, J. Kickham, E. Hollink, C. Beddie, A. Hoskin, T. Graham, P. Wei, *Organometallics* **2003**, *22*, 1937–1947.

[79]   G. Fraenkel, S. Subramanian, A. Chow, *J. Am. Chem. Soc.* **1995**, *117*, 6300–6307.

[80]   R. E. A. Dear., W. B. Fox, R. J. Fredericks, E. E. Gilbert, D. K. Huggins, *Inorg. Chem.* **1970**, *9*, 2590–2591.

Kristallographischer Anhang

	[(36)4·2Et$_2$O]	53
Summenformel	C$_{92}$H$_{112}$Li$_4$Mo$_4$O$_{26}$	C$_{22}$H$_{11}$F$_{27}$MoO$_3$
Molekulargewicht [g mol^{-1}]	2045.34	932.25
Kristallsystem	Orthorhombisch	Monoklin
Raumgruppe	$P2_12_12_1$	$P2_1/c$
Kristallgröße [mm^3]	0.28·0.18·0.08	0.3·0.25·0.2
a [Å]	17.4131(3)	17.2253(4)
b [Å]	23.2245(4)	18.2817(4)
c [Å]	24.6075(4)	10.0068(2)
α [°]	90	90
β [°]	90	105.870(3)
γ [°]	90	90
V [Å^3]	9951.5(3)	3031.12(11)
Z	4	4
ber. Dichte [g/cm^3]	1.365	2.043
μ [mm^{-1}]	0.562	0.627
T [K]	100(2)	100(2)
Wellenlänge [Å]	0.71073	0.71073
Thetabereich [°]	2.21–30.3	2.23–31.12
gem. Reflexe	572055	80325
unabh. Reflexe ($I_0 > 2\sigma(I_0)$)	29040	9222
R1 mit $I_0 > 2\sigma(I_0)$	0.0392	0.0303
wR2 mit den gesamten Daten	0.0668	0.0621
GOF	1.049	1.050
Restelektronendichte [e/Å3] min/max	0.625/-0.518	0.597/-0.535
Strukturlösung	M. Freytag	M. Freytag
Strukturname	rike02	rike03

	53(bipy)	60
Summenformel	$C_{32}H_{19}F_{27}MoN_2O_3$	$C_{36}H_{44}F_{18}MoNO_2P$
Molekulargewicht [g mol^{-1}]	1088.43	991.63
Kristallsystem	Monoklin	Monoklin
Raumgruppe	$P2_1/n$	$C2/c$
Kristallgröße [mm^3]	0.32·0.30·0.12	0.08·0.08·0.06
a [Å]	10.76711(15)	17.8136(3)
b [Å]	19.0876(3)	14.2139(2)
c [Å]	18.1667(3)	33.4059(6)
α [°]	90.0	90
β [°]	92.248(2)	99.169(2)
γ [°]	90.0	90
V [Å^3]	3730.71(10)	8550.4(2)
Z	4	8
ber. Dichte [g/cm^3]	1.938	1.578
μ [mm^{-1}]	0.526	3.975
T [K]	130(2)	130(2)
Wellenlänge [Å]	0.73073	1.54184
Thetabereich [°]	2.24–31.11	4.00–76.35
gem. Reflexe	265759	127869
unabh. Reflexe ($I_0 > 2\sigma(I_0)$)	11542	8729
$R1$ mit $I_0 > 2\sigma(I_0)$	0.0269	0.0294
$wR2$ mit den gesamten Daten	0.0598	0.0756
GOF	1.052	1.035
Restelektronendichte [e/Å3] in/max	0.586/-0.501	0.575/-0.535
Strukturlösung	M. Freytag	M. Freytag
Strukturname	rike05	rike04

Printed in the United States
By Bookmasters